U0055881

變色龍超圖鑑

How to keep Chameleon

品種、繁殖、飼育知識

一本掌握

※ 無中文名稱的變色龍品種，內文會先以英文或日文俗名進行翻譯，或是採取音譯
方式，請以「Chapter 05變色龍圖鑑」中所標示的學名為準。

專業用語解說

信號	在愛好家的世界裡，出於方便而使用的用語。指的並非變色龍傳遞給飼育者的訊息。是否能從牠們的表情或動作等來解讀這些信號（＝狀態）並反映在飼育上，在飼育變色龍方面至關重要。
保護色	指讓身體輪廓或紋路融入周圍環境而令人難以察覺的色彩。
頭冠 (casque)	指頭頂的隆起部位，又稱為頂冠、冠或冠狀突。
脊冠 (crest)	指背脊。背上如帆狀般的突起即稱為背脊。
垂肉 (dewlap)	又稱為喉扇。是位於喉嚨的鬆弛皮膚，有些品種的垂肉上還會有如鬍鬚般細小的棘狀突起。
自割	指要逃離敵人等情況下，將尾巴自行切斷。變色龍的尾巴具有重要的作用，因此不會自割。
側扁	變色龍的身形如垂直立起的樹葉，呈上下高而左右窄的形狀。愈是傾向於樹棲型的品種，身形愈偏向側扁。另一方面，納米比亞變色龍與枯葉變色龍等地棲型或以地面附近為生活區域的品種，身形則非偏扁狀，而是呈圓柱狀或略扁狀。
胎生	一種直接產下幼體而非產卵（卵生）的繁殖型態。胎生種大多生活在寒冷的高山等嚴酷的環境之中。
誇示 (display)	對雌性展求偶行為或是宣示勢力範圍時，朝對方做出的行動。以變色龍來說，會呈現豔麗的求偶色、展開喉部，並上下微幅振動頭部（bobbing）。
皮瓣 (flap)	又稱為枕部皺襞、枕葉或披蓋（robe），意指耳飾。是位於枕部的襞褶，噴點變色龍與短角變色龍等品種的皮瓣是可活動的。
吻部	嘴巴上部。吻端幾乎等同於「鼻尖」部位。
CB	指在人工飼育下繁殖的個體。商店或日本國內的活動等處有時也會販售愛好家所繁殖的CB個體。從許多面向來說，CB個體比WC個體容易飼養。有人認為這種個體不會有寄生蟲，但偶爾還是會發現。
WC	指在野生環境中捕獲的個體。畢竟是在嚴苛的野生環境中存活下來，所以身上可能會有傷口或是角端有缺損等等，不過這也是在野生環境中生活過的證明。如果只是小傷，在飼養上是不會有問題的。
亞成體	指尚未完全成熟的年輕個體。
成體	指已經性成熟的個體。
亞種	指棲息於特定區域的團體。這樣的群體還稱不上一個物種，卻可觀察到特有的特徵。變色龍有時候會被歸類為亞種，但是牠們在地理上有連續分布，中間性的個體也很常見，所以也有些人對部分的亞種分類有異議。話雖如此，在愛好家的世界裡，仍有不少人存有「基於亞種分類來維持血統」的意識。屬於具區域性的群體。現階段歸為同種，但是在市面上流通時，大多會對多少可以看出地區性的品種加上產地名稱，以七彩變色龍等較具代表性。然而，地區名稱未必是原產地，有些是以其聚集地、出貨地或附近大城市的名稱來命名。據說即便愛好家圈裡皆以○○（地名）稱之，也有可能到了當地才發現與實際有所出入。
飼育籠	指飼育箱。除了爬蟲類專用箱外，也可以利用鳥籠、園藝用玻璃溫室等各種形狀的用品來飼養變色龍。
搬運 (handling)	指在清掃或移動時，用手抓著變色龍。不要從上方猛抓，而是像在為變色龍開路般從下方或水平方向伸出手掌，讓牠們乘坐其上。

變色龍的基本事項

| basic of Chameleon |

真的可以人工飼養變色龍嗎？
變色龍是可以當作寵物來養的生物嗎？
我們很常聽到這樣的疑問。
變色龍的知名度頗高，
但似乎還是有很多人不知道牠們可以作為寵物在市面上流通。
變色龍的外觀與飼育方式都與其他寵物相差甚遠。
其實說起來就是遵循「變色龍的飼育之道」即可，
倘若「第一次飼養的爬蟲類就是變色龍」，
通常會比較順利。

01 | 前言（何謂變色龍）

變色龍的個性十分鮮明。

與蛇、蜥蜴和烏龜等同樣屬於爬蟲類的一員，但變色龍那有如葉片般獨特的身姿、變色能力、伸長舌頭捕食的方式，以及可左右分別轉動的眼睛等，都讓牠們在爬蟲類中具有獨樹一格的存在感。變色龍平常過著緩慢移動的悠哉生活，但在發現食物時，便會如隨風擺盪的樹葉般，以來回擺動的方式做出稍快的移動。然而，唯有舌頭的彈射速度另當別論。牠們能以迅雷不及掩耳的速度捕捉眼前的獵物。另外還有傑克森變色龍等長了角的品種，有不少愛好者深受其如恐龍般

的身姿所吸引。變色龍會一動也不動地潛伏在樹叢裡，只轉動眼睛探查四周的動靜，這樣的姿態被人喻為賢者；另一方面，牠們有時遭人厭惡，有時卻被視為親近的生物而備受珍視。人們對不同棲息地的變色龍會產生各種不同的看法，想必是因為牠們獨具的強烈個性。

變色龍大部分的品種都是在森林等處過著樹上生活，時常被稱為「森林居民」。主要分布於非洲，並未棲息在東南亞或日本，對亞洲人而言，這點或許為其增添了幾分異國情調。雖說大多數的變色龍都棲息於非洲

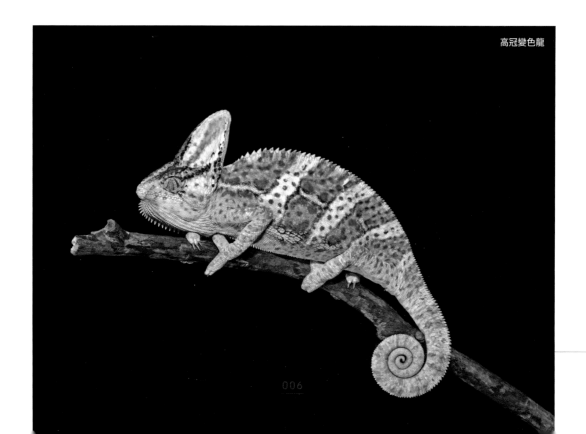

高冠變色龍

的森林中，但是也有些居住在會下雪的高山上，甚至有些品種的生命力十分頑強，時常進出行道樹等小範圍的植被。

換句話說，變色龍的生活環境會因為品種的不同而大異其趣，必須配合牠們來調整飼育環境。舉例來說，高冠變色龍是生活在降雨量少的乾燥地區，因為嚴苛的環境而十分強健，既禁得起缺水又耐高溫，成為變色龍中最適合新手入門的飼育品種。七彩變色龍通常會待在較開闊的地方，和高冠變色龍同屬健壯且易於飼養的品種。兩者在市面上流通時，皆以CB個體（在人工飼育下繁殖的個體）為大宗，絕對比已經適應大自然並在其中成長的WC個體（在野生環境中捕獲的個體）更容易飼養，這點也很討喜。棲息於高山的品種當中，又以傑克森變色龍的體型較為龐大，且具備相應的體力，可說是比較容易飼養的品種。

本書將以這3種類型的變色龍為主軸，逐一介紹飼育與繁殖的方式。一般人往往以為變色龍很難飼養，希望大家能試著仔細觀察牠們的個性。身體的體色、紋路的變化與

傑克森變色龍

動作等，應該沒有哪一種蜥蜴的狀態如此一目了然。這些都是牠們所發出的各種信號。準備一個適合該品種的飼育環境，學習如何正確解讀這些信號，正是飼養變色龍的妙趣所在，亦可說是「變色龍的飼育之道」。變色龍比冠蜥屬等其他樹棲型蜥蜴還要容易解讀。本書後半部會以數據或★來標示每個品種的飼育管理基準，不過往往會因為捕獲地區不同而有所出入。希望飼主能與自己眼前的變色龍好好溝通並仔細思量，再靈活地做出應對。這也是飼養變色龍的一大魅力。

此外，希望大家在飼養前也能把取得變色龍後的事情考慮在內，例如是否可以定期取得餌食、是否可以確保飼育空間等等，經過充分評估後，再展開變色龍的飼養。

七彩變色龍

02 | 關於進口狀況與 CB・WC

進口狀況會依照品種而異，不過在市面上流通的變色龍有CB（在人工飼育下繁殖的個體），也有WC（在野生環境中捕獲的個體）。市面上的CB個體大多是高冠變色龍或七彩變色龍。而有「角系」之稱的品種雖然種類有限，但在店面也能看到傑克森變色龍等WC個體。然而，WC個體在市面上的流通並不穩定，其出口國也曾經中斷出口數年。截至2021年為止，來自坦尚尼亞的航班就曾停航一段時間，昔日大量進口的米勒變色龍、噴點變色龍與小鬍子侏儒枯葉變色龍，便從此在店裡消失無蹤。

日本往年都會從可謂變色龍王國的馬達加斯加進口一定數量的變色龍，但如今已不再像以前那樣進口那麼多品種，比較穩定在日本國內流通的只剩幾個品種，而且數量也有減少的趨勢。除了一小部分例外，麥諾變色龍或威爾斯變色龍這類叉角避役屬的小型種或詭避役屬都已經沒機會再看到了。

目前的現狀是，高冠變色龍與七彩變色龍在日本國內皆以CB個體較為常見，而其他品種則較少見。總結來說，變色龍在日本國內的流通量逐漸下降，在店裡看到的機會與品種也都日益減少。如果有看到想要的品

米勒變色龍

噴點變色龍

種，就應該趁還買得到的時候購買。此外，如果能在日本國內供應CB個體，便可傳給下一代的愛好家。值得慶幸的是，爬蟲類與兩棲類的專門雜誌《CREEPER》中，經常會刊載日本國內有關變色龍繁殖的寶貴報告，不過數量仍不足以加入寵物貿易的行列。這點就要指望有在閱讀雜誌且熱衷於此的全國愛好家的努力了。請務必將成果投稿給專門雜誌，若能因此提高日本國內的飼育與繁殖技術，對筆者而言，沒有比這更令人開心的事了。

　　變色龍的進口由來已久，筆者小時候就曾經在鳥類專賣店等處看到有在出售。不過當時別說是繁殖了，就連飼育方式都還未確立，那個年代是在連樹枝都沒有的狀態下便把變色龍放進水族箱等處飼養。運送狀況也很惡劣，千里迢迢運至日本時，變色龍的健康狀態大多都已經惡化。如今運送條件已有

顯著的改善，即便是WC個體，也是在良好的狀態下進口而易於飼養。在前人的努力之下，也持續確立了各種變色龍的飼育與繁殖方式。如今飼育相關的器具一應俱全，也更容易取得餌食昆蟲，希望擁有變色龍的人務必悉心呵護，若是情況允許的話，希望在展開飼養時也能把繁殖考慮在內（當然，是否讓變色龍繁殖是個人的自由，只是若能事先了解這些情況會更好）。

小鬍子侏儒枯葉變色龍

威爾斯變色龍

03 | 分類與棲息環境

爬蟲類當中含括了烏龜、蛇、蜥蜴與鱷魚等等，變色龍也是其中一員。以前曾被視為也有棲息於日本的多稜龍蜥等飛蜥科，如今則被分類到名為避役科的獨立類別中。近年來也發現了新品種，今後品種數應該還會持續增加，不過目前已知的所有品種還不到200種。

本書所介紹的變色龍被歸類至爬行綱－有鱗目（Squamata）－蜥蜴亞目（Lacertilia）－鬣蜥亞目（Iguania）－避役科（Chamaeleonidae），主要是由避役亞科（Chamaeleoninae）以及變色龍亞科（Brookesiinae）這2個亞科所構成。前者包括了避役屬（Chamaeleo）、三角避役屬（Trioceros）、侏儒蜥屬（Bradypodion）、雙角避役屬（Kinyongia）、姆蘭傑避役屬（Nadzikambia）、詭避役屬（Calumma）與叉角避役屬（Furcifer）；而後者則是由枯葉變色龍屬（Brookesia）以及侏儒變色龍屬（Rhampholeon）與短尾侏儒變色龍屬（Rieppeleon）所組成。

變色龍的分布區域從歐洲的地中海沿岸地區延伸至非洲馬達加斯加與周邊群島，以及從西南亞延伸至印度與斯里蘭卡一帶，但未分布於東南亞、日本、大洋洲與南北美洲大陸。牠們大多生活在森林、林地、草原、灌木叢、農園、行道樹這類多少有些植被的地區，不過分布於納米比沙漠的納米比亞變色龍則是例外。所有變色龍的品種皆為晝行性。本節還準備了好幾個國家的年降雨量、最高氣溫與最低氣溫的圖表。然而，這些不過是觀測數據，有些變色龍實際上是棲息於森林中或海拔較高的地方。日本如果也能實地考察，親身去感受會更好，不過背陰處與向陽處的氣溫相差甚大，還會因為風或地形而有所不同。北半球與南半球的氣候各異，這點也要考慮在內，作為打造飼育環境時的參考。

戰鬥中的傑克森變色龍（原名亞種）

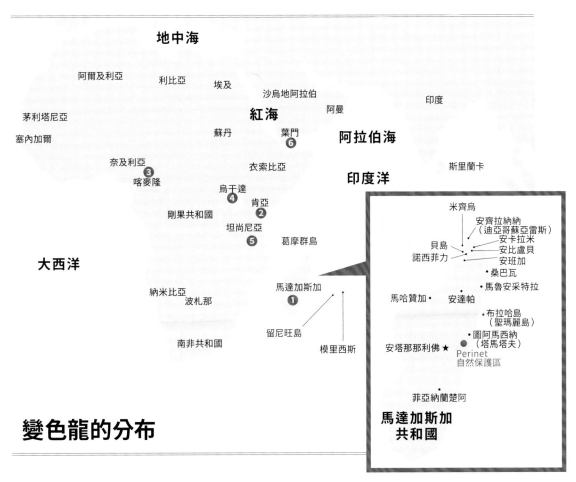

變色龍的分布

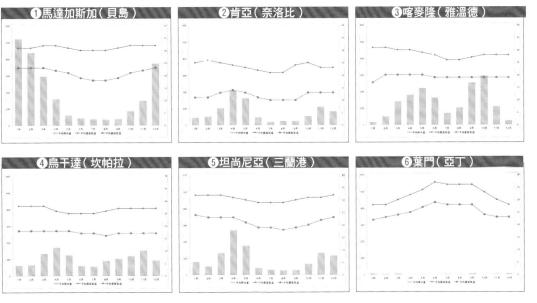

04 變色龍的身體

以下是針對變色龍身體各部位的介紹。

記下每個細節有助於加深理解，請務必事先了解。

※ 照片為六角變色龍

皮瓣

位於枕部，如耳飾般的部位。有些品種的皮瓣很發達，有些則無，而部分品種的皮瓣可以移動（四角變色龍則沒有這個部位）。

頭冠

這是頭頂的隆起部位。不同品種的形狀各異。

眼睛

雙眼突出，左右眼可以分別往不同方向轉動，被圓錐狀的眼皮覆蓋，夜裡會閉眼而眠。視線幾乎可涵蓋所有方位，發現獵物之後，便會以左右眼測量距離，再射出舌頭加以捕捉。無需挪動頸部即可察看正上方，所以在人工飼育下也有可能直視光源。如果以強烈的紫外線燈持續照射，可能會導致變色龍不再張開眼睛等問題，必須格外留意。

角

有些品種有角，有些則無，支數也會因為品種或性別而各有不同。角的形狀與方向也不盡相同。

脊冠

位於背部或尾巴根部如帆狀般的突起。有些品種有脊冠，有些則無。

舌頭

可以噴射出身體全長 2 倍左右的長度，利用具黏性的舌頭瞬間纏住獵物昆蟲。平常摺疊成波浪狀。也有些案例顯示，當體內未獲得足夠的水分時，射程距離便會縮短。

垂肉

喉嚨皮膚鬆弛的部位。有些變色龍品種的垂肉上會有成排的棘狀突起等。

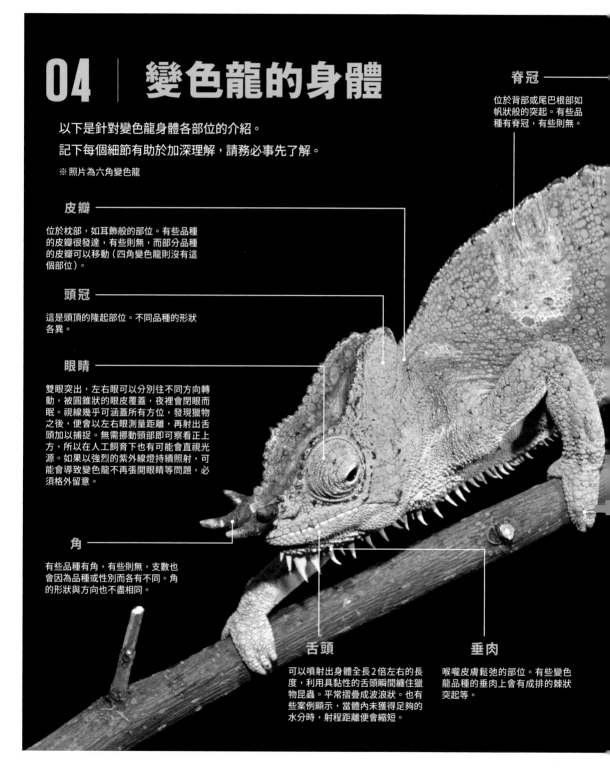

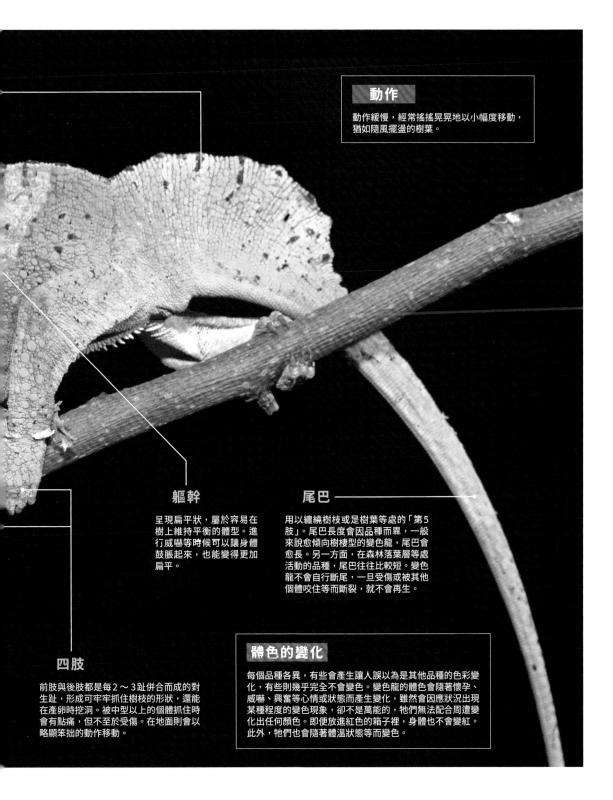

動作

動作緩慢，經常搖搖晃晃地以小幅度移動，
猶如隨風擺盪的樹葉。

軀幹

呈現扁平狀，屬於容易在
樹上維持平衡的體型。進
行威嚇等時候可以讓身體
鼓脹起來，也能變得更加
扁平。

尾巴

用以纏繞樹枝或是樹葉等處的「第5
肢」。尾巴長度會因品種而異，一般
來說愈傾向樹棲型的變色龍，尾巴會
愈長。另一方面，在森林落葉層等處
活動的品種，尾巴往往比較短。變色
龍不會自行斷尾，一旦受傷或被其他
個體咬住等而斷裂，就不會再生。

四肢

前肢與後肢都是每2～3趾併合而成的對
生趾，形成可牢牢抓住樹枝的形狀，還能
在產卵時挖洞。被中型以上的個體抓住時
會有點痛，但不至於受傷。在地面則會以
略顯笨拙的動作移動。

體色的變化

每個品種各異，有些會產生讓人誤以為是其他品種的色彩變
化，有些則幾乎完全不會變色。變色龍的體色會隨著懷孕、
威嚇、興奮等心情或狀態而產生變化，雖然會因應狀況出現
某種程度的變色現象，卻不是萬能的，牠們無法配合周遭變
化出任何顏色。即便放進紅色的箱子裡，身體也不會變紅。
此外，牠們也會隨著體溫狀態等而變色。

迎接回家與飼育的準備

| from pick-up to breeding settings |

該從何處、如何取得變色龍呢？
此章節將從挑選方式、帶回家時的注意事項，
乃至飼育環境的準備等，逐一進行介紹。

01 | 從何處購買與如何帶回家

變色龍並非是寵物商店裡常態販售的品項，通常都是在主打變色龍的爬蟲類專賣店裡購買。可以透過網路或是社群網站搜尋這類店家，或翻閱《REP FAN》或《CREEPER》等爬蟲類與兩棲類的專門雜誌等，裡面便有刊載大量專賣店的廣告，可以有效率地進行搜尋。

截至2021年4月，雖然受到新冠肺炎疫情的影響，舉辦狀況不甚穩定，但各地仍有舉行爬蟲類的展銷會，也可以在這類活動會場中尋覓。不過在這類活動中，攤位的布展時間有限，很難從容不迫地聽取建議。因此尤其是新手，直接走訪專賣店購買會比較理想。試著去逛逛活動會場應該也有機會找到專賣店。

即便已經決定想要的品種，現狀卻是除了一部分的品種外，變色龍各個品種的流通量並不穩定。CB個體流通量愈多的個體，取得的機會愈大，在國內外幾乎全是CB個體的高冠變色龍，以及WC個體與CB個體兩種都有流通的七彩變色龍等，都是比較容易取得的品種。

至於市面上以WC個體占多數的品種，則會大受原產國的情勢等影響。過去有很多進口的航班是來自坦尚尼亞，但是近幾年已經中斷，因此不再有機會看到分布於坦尚尼亞的米勒變色龍、噴點變色龍與小鬍子侏儒枯葉變色龍等。背後的因素還包括：這些品種較不容易繁殖、當時WC個體大量流通而未熱切投入CB個體的繁殖。如果有想要的品種，即便當時市面上並未流通販售，仍然可以先向專賣店提出相關需求，一旦有進貨時便會接到聯絡，像這樣或許會比較容易取得變色龍。此外，如果在飼育過程中遇到什麼難關或發生什麼問題，專賣店畢竟有其專業知識，應該可以向其洽詢請教。就這層意義來說，找到一家令人放心的專賣店可說是非常重要的事。

變色龍有胎生與卵生之分，有些WC個體等是在當地完成交配後，在雌性抱卵（懷孕）的狀態下進口，這樣的個體即稱為「抱腹個體」。即便沒購買雄性也會獲得寶寶或卵，因此刻意挑選這樣的個體——新手最好別這麼做比較妥當。正處於敏感時期被千里迢迢運送過來，結果在分娩（產卵）後精疲力竭而亡，這樣的案例也很常見。

當變色龍實際到來時，務必要仔細評估自己是否能確實做好照顧工作。是否可確保飼育空間？是否可持續取得用以餵食變色龍的餌食昆蟲？如果是和家人同住，是否已取得同意（連餌食昆蟲都要報備）？是否可做好夏天與冬天的溫度管理？自己是否有充分的時間可以照顧牠們？這些都要好好地考慮清楚。

首先是關於飼育空間，變色龍所需的飼育容量比蛇等多很多。這是因為變色龍具有

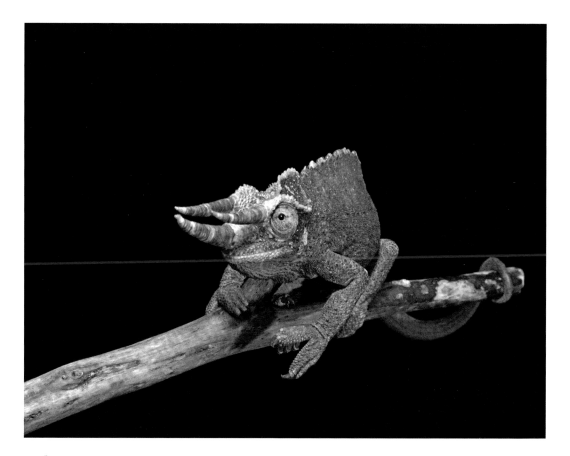

高度的空間認知能力，而且必須在飼育環境中安排溫度與明暗各異的區域。這些多少會因為飼育的品種而異，務必事先確認清楚是否有充足的空間。

變色龍的主要食物是活生生的蟋蟀。請先確認附近是否有販售餌料蟋蟀的店家，或者是否住在可透過網購取得的地區。也可以向購買的專賣店洽詢餌食的相關事宜。如願買到想要的變色龍是好事一樁，但千萬不要在實際帶回家後，才因為家人不同意而不得不轉讓。有些人是可以接受變色龍，但無法接受蟋蟀。因為家人無論如何都難以忍受蟋

蟀的叫聲、氣味或逃走而挨罵，這樣的事時有耳聞。這方面最好也先做好萬全的應對措施並取得同意。

至於飼育溫度，很多愛好家到了夏天都會透過空調來管理飼育房間的溫度。對大多數的變色龍而言，亞洲的夏天過於炎熱。夏季是飼養變色龍的關鍵時期，預防高溫危害的措施會隨著飼主的居住地區或住宅構造、通風狀況與方位等而異，希望在春季或秋季購買的新手能在開始飼養前先好好想像一下夏季的管理事宜。另一方面，市面上有販售各式各樣爬蟲類專用的保溫器具，所以在冬

季的禦寒對策上，應該不必大費周章便可做好管理。非要說的話，頂多就是電費提高、開著空調時無可避免地容易變乾燥、房間的高低處會出現細微的溫差之類。

除此之外，相同的品種，飼養WC個體與CB個體是否會有所不同？這是個經常被問到的問題。

WC個體是在嚴苛的野生環境中求生，被人類捕捉後運送至國外。正因如此，牠們可說是生命力旺盛且格外頑強，也比較容易適應飼育環境，但是寄生蟲很多。而另一方面，CB個體從出生時便待在人工飼育的環境之中，因此優點是從一開始就習慣人類所打造的環境，也比較沒有寄生蟲的疑慮。然而未經過大自然的淘汰，也不曾置身於嚴酷的環境中，所以較禁不起意外或飼育環境的變化。以高山種來說，CB個體絕對比WC個體還要容易飼養，這是因為不需要重現嚴苛環境的設定，換言之，牠們從一開始就已經適應人類所打造的飼育環境。價格卡上大部分都有標示「WC」或「CB」，購買時確認清楚即可（即便沒有寫，只要問一下店員應該都會告知）。

如果想要的變色龍有好幾隻（同品種）

的話，應該選擇哪一隻比較好呢？如果是專賣店，販售的都是已經調整好狀態的健康個體，但為了謹慎起見，希望各位留意以下幾件事項。

☐強而有力地待在樹枝上
☐沒有出現消瘦的跡象
☐眼睛睜得大大的，並未凹陷
☐嘴角等處無傷口，輕微的小傷則無大礙
☐沒發生脫皮不完全的狀況
☐腰骨並未突起
☐握力強勁
☐可伸出舌頭捕食

　　不僅如此，購買時最好也問問店家都是餵食什麼樣的餌食、提供多大的空間等。

　　帶回家時須格外留意，尤其是夏季。如果要開車帶回家，切勿繞道而行。此外，應該將變色龍放置在後座等溫度變化較少的地方，避免放在車內空調的送風口附近。

　　帶回家之後，在變色龍適應飼育環境之前，可能多少會有些身體不適，此時沉著應對即可。先讓牠們喝水並觀察狀況，如果牠們已經能進食，接著便可提供餌食。只要能在陌生的新生活環境中進食，應該就會逐漸穩定下來。如果牠們不太吃東西，則只餵水並關掉燈光，以身體獲得休息為優先。讓牠們穩定下來才是最重要的。將變色龍移進飼育箱後，應再次確認聚光燈的位置、方向與距離。

　　如果對寄生蟲有所疑慮，不妨帶著變色龍的糞便到動物醫院進行糞便檢查。等到變色龍的狀態穩定下來後，再帶去做健康檢查或取得驅蟲藥的處方。

02 │ 飼育箱的準備

接下來要針對飼育環境的配置來進行介紹。有些部分會隨著飼育的品種、大小、隻數、住宅狀況等而有所不同,以下先從共通事項開始談起。

飼育箱應該擺放在一個不會對變色龍造成壓力的地方較為理想。牠們基本上是一種「總想著要躲起來」的生物,所以才會讓身體看起來像是與樹木融為一體。實際上,當牠們與人類目光相接時,便會認為自己的行蹤暴露了=被敵人(鳥類等)發現而備感壓力,因而會突然出現黑色的小斑點。此外,考慮到變色龍是生活於樹上的生物且外敵是鳥類等,務必要將飼育箱擺放在有一定高度的地方。雖說有些個體可以適應每次接受照顧時都處於被人俯視的位置,但基本上這對牠們來說應該是不愉快的。也請務必避開人類、其他寵物或其他爬蟲類(包括變色龍)

會頻繁進入視線範圍內的地方。變色龍是獨居生物,尤其是雄性具有強烈的領域意識,如果經常看到其他個體會變得興奮或持續求偶行為,很可能會白白浪費體力。然而,棲息於森林落葉層的品種(枯葉變色龍屬或侏儒變色龍屬等)或幼體(在野生環境中也不會像成體一樣生活在那麼高的位置)則不在此限。

順帶一提,當變色龍看到餌食昆蟲的保存箱時,往往會對在裡面不停動來動去的蟋蟀等產生反應。「想吃卻吃不到」這件事會讓牠們產生壓力,所以要格外留意。而如果是透過空調等來管理整個飼育房間的溫度,房間地面會比較涼爽,以氣溫方面來看,夏季把變色龍放在低處或許會比放在高處讓牠們感到更加舒適。這方面希望能根據變色龍是否已經適應飼育者等各種情況來進行相關

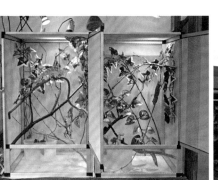

使用爬蟲類專用箱的飼養範例

利用小型風扇來推送空氣,並以空調來管理基本溫度。另外用聚光燈來打造溫度梯度。

使用網格籠的飼養範例

調整。

　飼育箱有各式各樣的款式，但選擇時應留意以下幾點：

① 飼育箱必須有一定程度的容量，以便打造出溫度梯度

② 必須是空氣不易滯留的款式

③ 形狀必須具有一定的高度

　施以巧思以便於安裝聚光燈、從側面而非從上側開關門即可進行維修或餵食、側面或上方為網格狀或網蓋——如果是使用爬蟲類專用箱等，只要滿足這些條件，便稱得上是實用性絕佳的製品。無論如何，容量愈大愈容易打造出具有溫度梯度、明暗區域且通風良好的環境等。如果容量太小，變色龍走到哪都可能是高溫區，所以新手最好為其準備一個較大的空間。

　此外，變色龍是具備高度空間認知能力的動物，為了不讓牠們有閉塞感，務必要留意空間的寬敞度。如果是使用玻璃箱等，變色龍有時也會因為自己的身影映照在玻璃上而感到有壓力，必須格外留意。如果對自己的身影過度畏懼或持續進行威嚇，也會帶來莫大的壓力。不妨挪動照明位置或在玻璃上貼壁貼等來加以因應。

　飼養變色龍經常使用的飼育箱有以下這幾種：

・爬蟲類專用箱

　便於觀察、外型美觀、保溫性佳且通風良好，很適合用來飼養變色龍。市面上有販售來自不同製造商的各種規格，也很容易取得。如果是通風不佳的產品，比較不適合高山種，挑選產品時最好也留意這部分。最近市面上也有販售一種可從前面開關、上方為編織蓋而側面呈網格狀的飼育箱，如此便可從變色龍的視線範圍內來進行餵食，比較不會造成壓力，是不錯的選擇。

・網格籠

　輕量且不透明，較不容易觀察，但對變色龍來說是恰到好處的產品。網目較細，蟋蟀也不易逃脫。亦可作為進行日光浴或移動用的容器，所以即便平日不用，也能有備無患。還可用於不從餌食箱裡吃東西的變色龍個體等。

・玻璃溫室

　容量大且便於觀察，空間寬敞而空氣不

使用玻璃溫室的飼養範例

使用鳥籠的飼養範例。有一定高度的製品較為合適。

飼養在鳥籠中的七彩變色龍：安班加彩虹（Ambanja rainbow）

容易滯留的款式為佳。只要確保有地方可以擺放，可說是最適合變色龍的。將側面改成網狀或網格狀，還能確保通風。因為熱氣非常容易積聚，自動調溫器的感應器應設置於頂部。

・鳥籠或小動物專用飼育籠

具有高度的產品較適合。通風性絕佳，也有不少愛好家用來飼養變色龍。缺點在於餌食昆蟲易於逃脫且容易乾燥。用塑膠布繞圈圍起下半部位至1/3左右的位置，較容易維持其生活空間下方的濕度。

・觀賞魚專用的水族箱

爬蟲類飼育箱在市面上流通之前，都是使用水族箱與鳥籠來飼養變色龍。空氣容易滯留其中，因此會視情況設置網蓋等，不過如今已經可以取得爬蟲類專用的飼育箱或網格籠，就沒必要選擇水族箱了。容易維持濕度且餌食不易逃脫，可以用來飼養枯葉變色龍屬、侏儒變色龍屬或幼體等。設置一個小型風扇將裡面的空氣排出會更好。在內壁貼上盆底網等網片來增加其行動範圍應該也很不錯。

・塑膠箱

適合幼體或地棲型的小型種。

・自製飼育籠

也有許多愛好家會自行打造自己喜歡的

使用水族箱的飼養範例

利用衣物箱自製的簡易飼育籠

待在大型觀葉植物上的七彩變色龍：諾西貝藍（Nosy Be Blue）

量身訂做的自製飼育籠，以栗樹（防水效果絕佳）打造而成。

為帕爾森氏變色龍所打造的自製飼育籠（寬90×高160×深60cm）。採用塑料簡易溫室專用的素材，下方有附設輪子。

飼育箱。然而，還不得要領的新手最好先購買現成製品。比較簡單的自製飼育箱範例之一，便是在衣物箱裡鋪一層土，放進觀葉植物的盆栽，搭設一些樹枝，讓變色龍可以爬到比衣物箱還高的位置。爬到上方，不僅視野開闊，空氣也比較流通；爬到下方，盆栽周邊與地面的濕度較高且可形成暗處。適合幼體或小型種。

· 放養

在房間裡搭設樹枝或是擺設大型觀葉植物盆栽，以此來放養變色龍的範例也不在少數。適合帕爾森氏變色龍與奧力士變色龍等大型種。用樹枝與植物等來確保牠們的「通道」。牠們也會沿著電線或窗簾這類可以抓住的東西來移動，所以要格外留意。

這是使用木製OSB板自製而成的飼育籠（寬42×高65×深42cm）。表面塗了一層水性聚氨酯。頂部與側面為鋁網格。在以黑色PVC板補強的背面鑽出配線用的孔洞，底部則以PVC板打造一個5cm左右的圍欄來防水。前面裝上一片壓克力板並用磁吸門扣加以固定。下方則加上一道門鎖來防止逃脫。利用水中幫浦讓自製濾杯循環（2處），並透過MONSOON SOLO霧化器從頂部提供噴霧。以保溫燈與UVB燈加以照射。保溫方面則是利用計時型自動調溫器來管理裝了鋁管的保溫燈泡，再用USB風扇來促進空氣流通。

放養的範例

一旦與飼主視線相接，就會繞進樹枝後面。變色龍基本上是一種不希望被別人察覺自身存在的動物。

03 | 飼育的溫度與濕度

非洲是變色龍的主要棲息地。

早上醒來後，變色龍會移到日照充足的地方曬太陽好讓體溫上升，當身體代謝提高而變得活躍後，就開始捕食並消化食物，到了傍晚氣溫下降時，便在樹叢陰涼處、樹枝上或葉尖等處就寢──變色龍便是過著這樣的生活。不妨想像一下這樣的情景來設置飼育環境。

有別於一般的印象，變色龍所棲息的森林鬱鬱蔥蔥，再加上山風吹拂，環境十分涼爽。如果要在亞洲地區飼養變色龍，就必須做好消暑措施。飼養變色龍最常被提醒的一點就是：比起只需做好保暖即可的冬季，如何熬過夏季的炎熱高溫更為關鍵。最便捷的方式是，在飼育房間或放置飼育箱的房間裡打開空調來管理溫度。冬天可以利用加溫墊或保溫燈等來保暖，不過如果是要降低夏季的高溫，一旦無法使用空調便會困難重重。即便把變色龍移至家中最涼爽且通風良好的地方，或是每天在飼育籠的上方放結冰的寶特瓶等，甚至用冷卻風扇（市面上有販售觀賞魚專用的）加以吹拂，要調整為適合變色

龍的溫度還是很不容易。如果是耐高溫的品種（高冠變色龍與奧力士變色龍等）或在亞洲出生的CB個體會比較耐熱，但如果氣溫超過35℃或持續不低於30℃，還是很難熬。如果無法克服，最好果斷放棄，否則只會害死變色龍。各品種對氣溫的喜好留待後述，比較理想的溫度是白天不超過30℃，而夜間大約在20℃左右，務必要設置晝夜溫差（即便有難度，還是多少要有溫差）。本書後半部分將根據每個品種來解說，溫度降至20～30℃後，並非一直維持在25℃，而是白天30℃、夜間維持在20℃。白天維持30℃上下都無妨。舉例來說，在聚光燈下是32℃，隨著遠離該處則下降至22℃左右，打造出一個溫度梯度。夜間關燈之後，變色龍會一動也不動地睡覺，所以不需要溫度梯度。即便是棲息於高山的品種，溫度暫時超過30℃牠們也能處之泰然，不過仔細觀察飼育個體並判別適當的溫度範圍至關重要。此外，應該在飼育環境內打造出溫度梯度，而非維持統一的溫度範圍。冬季透過空調或煤油爐等來確保基本的溫度，再以聚光燈照射某區，或於某區裝設加溫墊，如此便可自然形成溫度梯度。變色龍會在氣溫符合自己喜好的地方走來走去，自己選擇一個舒適之處。飼育箱的容量太小就無法打造出溫度梯度，所以務必選擇夠大的尺寸。此外，還必須考慮到環境配置，因為即便打造了溫

利用飼育房間內的空調來管理基本溫度，再以聚光燈於各個飼育箱打造溫度梯度。植物的背光處或下方會比較暗，而且溫度較低。

度梯度，仍有可能沒有樹枝等通道而使生活圈變窄。

　　若要具體舉出一個範例，便是將空調設定在20℃來提供基本溫度（夏季與冬季等必要的時期），再以聚光燈照射飼育箱的一部分，藉此形成溫度梯度。如此一來便可重現這樣的環境：熱區（Hot Spot，溫度高的地方）為30℃，而一段距離外為20℃。晚上關燈後，整區皆為20℃，這麼一來便形成了晝夜溫差。不用說，變色龍靜止入睡的夜間是不需要溫度梯度的。溫度設定只需根據自己飼養的變色龍品種或個體的喜好進行微調即可。如果很難24小時都開著空調，務必要透過暖爐或爬蟲類專用的加溫墊、保溫燈等來確保適當的溫度。也可以多費些心思，例如用塑膠布等從飼育籠頂部往下覆蓋至1/3左右處來提高保溫效果等。

　　不妨試著想像一下牠們在野生環境中的生活。屬於晝行性的變色龍會在早上太陽升起時醒來，並移動至向陽處讓體溫上升。在該處沐浴充足的紫外線（太陽光），等身體代謝提高後便展開覓食行動。牠們要尋找大小可吃進嘴裡的餌食昆蟲，所以幼體的主要活動區域應該是小型昆蟲較多的地表附近，成體的活動範圍則較廣。捕食後會為了消化而休息，隨後再展開覓食，如此反覆。到了傍晚，氣溫逐漸下降後，為了避免入睡時遭受侵襲，牠們會移至葉尖或樹叢中等處，等待早晨的來臨。不妨想像一下這樣的情景，仔細觀察變色龍的行動並個別調整。舉例來說，如果牠們待在溫度最高的區域（熱區）

遲遲不肯移動，恐怕是因為其他區域的溫度太低。後面會敘述每個品種所適合的溫度，希望各位當作參考即可。

　　可以不必太在意濕度。相較之下，更應該留意透氣性。關於濕度的部分，大多都能透過擺放植物盆栽、使用土壤作為墊材或滴水等來維持充分的濕度，所以應該保持良好的空氣流通，以免飼育箱內部太過悶熱。此外，養育幼體時往往會增加噴霧的次數，但不能讓環境一直處於溼答答的狀態。而在空調運轉下也很容易變乾燥，往往會陷入低溫而濕度不足等狀況。務必要利用溫溼度計確實確認數值，如有必要，則增加噴霧等的次數或裝設加濕器等。

聚光燈

自製的噴霧裝置。除了可提供濕度，還可藉由汽化熱達到降溫的效果。

04 | 關於照明

　　和其他晝行性的爬蟲類一樣，陽光對變色龍而言是十分重要的要素。當牠們沐浴在陽光所含的紫外線中，體內就會產生維生素D3並吸收鈣質。在野生環境下，牠們會在森林中的樹木高、低處或林隙光之中穿梭，藉此調整紫外線的吸收量；在人工飼育下，則要讓牠們做日光浴，或是使用含紫外線波長的爬蟲類專用燈。不過變色龍畢竟是森林中的生物，使用數值較弱的產品也無妨。如果是棲息於森林落葉層的枯葉變色龍等，應該不必裝設這種燈。最好如野生環境般，早

上點燈、傍晚熄燈，不過有些值夜班之類的人會讓日夜顛倒。在春季或秋季等氣候良好的時節，也可以讓牠們在陽台或庭院裡做日光浴。以在通風良好的陰涼處曬30分鐘左右為基準。使用輕量且便於移動的網格籠較為方便。當變色龍想要爬出籠子或已呈現黑化狀態，便可結束。如果在夏季等時候體色發黃，是極其危險的信號，要格外留意。有沒有做日光浴，在進食、發色與成長速度上會出現顯著的差異。

　　飼育環境中還得安排明暗區域，並設置

爬蟲類專用燈。可以照射紫外線的製品為佳，使用數值弱的產品也無妨。

讓變色龍做日光浴時，也可以讓牠們待在觀葉植物上，但飼主要守在一旁。亦可連同網格籠一起移動。

一個可以遠離紫外線的地方。利用植物打造出樹叢、挪動燈的位置只照射一半區域等，即可形成簡單的明暗區域。還要記住一點：不同品種對亮度的偏好也會有某種程度的差異。一般來說，棲息於森林深處的品種對光線的需求量較低，生活在開闊之處的品種則需求較高。不妨想像一下自己所飼養的變色龍在野生環境中的生活，並解讀眼前的變色龍所發出的信號來進行調整。

在陽台做日光浴

愛好家的飼育箱範例

05 │ 樹枝與植物

大型的觀葉植物也可用來放養變色龍，或讓牠們暫時停駐其上。

對生活在樹上的變色龍而言，樹枝就是牠們的「通道」。這是因為牠們是用前後肢的腳趾握住樹枝來移動，而非用爪子勾住樹幹的樹棲型蜥蜴。牠們有時會用長尾巴來維持平衡，或是將尾巴捲繞在樹枝上，藉此在樹枝上行走自如，這樣的身姿是飼養變色龍才看得到的獨特景象。

配合飼育個體的腳掌大小來搭設粗細適中的樹枝，以方便其移動。讓樹枝呈水平方向或微微傾斜，並利用金扎絲或束線帶等牢牢固定，以免飼育個體爬在上面時摔落。將供水區、餵食區與曝曬區（Basking Spot）等分開配置，讓牠們可以在有高低溫與明暗落差的區域之間來回走動，訣竅在於不要設置得太複雜。接著務必確認用樹枝所打造的通道是否能讓牠們在不同的溫度區間來回移動。市面上也有販售可隨意彎曲的爬蟲類專用仿真樹枝，不妨加以活用。亦可撿拾整枝所剪下的樹枝或掉落在庭院裡的樹枝等，或到專賣店購買。為求謹慎起見，天然的樹枝最好在使用前先用熱水加以消毒。光滑的樹枝比較容易打滑，帶些粗糙紋理的樹枝會更好。此外，開始腐爛的樹枝或枯枝等比較不耐用，應該挑選扎實一點的樹枝。

請務必也放些植物進去，既可打造出樹蔭，綠色植物也比較能讓變色龍穩定下來。植物與樹枝的數量比例則依品種而異。有些品種喜歡樹叢茂密的環境，有些品種則較偏好開放的空間，希望能配合飼育個體的特性來造景。尤其高冠變色龍可能會吃掉植物，所以使用假的植物也無妨，不過放進活的植物還能期待有調整濕度的效果。箱內有變色龍，比較容易有所損傷，所以葉片堅韌且較寬的植物比較適合，大多都會使用黃金葛。可以將整個盆栽擺放在箱內或吊掛起來。地面附近則配置薜荔等爬藤類植物，如此便形成一個枯葉變色龍或幼體等可以過得更舒適的空間。

利用繩子自行打造而成的造景。也可以單獨使用能隨意彎曲的繩子，不過這裡另用鐵絲加以纏繞，以便維持彎彎曲曲的形狀。

將觀葉植物的盆栽直接放入飼育箱。

幼體專用的飼育箱。配合飼育個體的大小來挑選樹枝的粗細。

06 | 墊材與其他造景用品

利用各式各樣的素材作為墊材。有以下幾種作用：

1）維持濕度
2）美觀
3）從樹枝上掉落時具有緩衝作用（也有極少數品種會鑽進去）
4）作為直接栽種植物時的土壤
5）亦可作為產卵床
6）可連同墊材一起清除糞便等

根據飼育箱、風格或變色龍的品種來挑選方便使用的產品即可。如果要把植物盆栽直接放進去，不鋪墊材也無妨。棲息於森林落葉層的小型種這類生活在地表附近的變色龍或偏好樹叢的品種，會比較適合土壤等。除了部分品種外，變色龍並非會鑽進土裡的蜥蜴，所以厚度只需幾cm即可。墊材有以下幾種類型：

• 碎椰殼　除了爬蟲類專賣店裡有販售方便實用的產品外，在園藝店等處也買得到。美觀且有助於維持濕度。

• 腐葉土等土壤　美觀。有個小缺點是容易冒出蜱蟎。

• 人工草皮　可以水洗，但要清除糞便等則較費工夫。

• 報紙　不美觀，但是弄髒了就可以整個換掉，易於維護。

• 寵物尿墊　優點是可以吸收水分、無誤嚥之虞且易於維護。

• 木地板專用墊　使用經過防水加工處理的產品。清掃起來也很輕鬆。保濕力低。

這些都是飼養變色龍常用的墊材。弄髒之後，務必將部分或整個換掉，以維持環境清潔。

以下介紹其他幾款「手邊有的話會比較方便」的商品。

• 溫度計　最好透過數值來掌握氣溫。有溫溼度計、數字型或爬蟲類專用的產品等，選擇方便實用的即可。

• 鑷子　用來餵食或清除糞便等很方便。餵食用與維護環境用的鑷子要區分開來。

• 噴霧器　為植物澆水或提供水滴作為飲用水。爬蟲類專用的噴霧器也很實用。

• 洗滌瓶　有的話會比較方便。用來為飲水容器補水、為植物盆栽澆水、將水滴滴在變色龍鼻尖上使其喝下等。

• 遮蔽視線　亦可利用觀賞魚水族箱專用的背景板等，讓變色龍看不到其他個體。

• 風扇　設置小型的換氣扇，讓空氣從飼育箱內往外排出。市面上也有販售爬蟲類專用的產品。

• 金扎絲　束線帶也不錯。常用來固定樹枝等。亦可使用熱熔膠槍。

07 | 各種類型的飼育環境

① 空間開闊型

適合這種造景的品種

高冠變色龍　　　　　　巨人疣冠變色龍
七彩變色龍　　　　　　噴點變色龍
天狗變色龍　　　　　　塞內加爾變色龍
奧力士變色龍　　　　　雅緻變色龍　　　　　　　　等等

　　適合這種造景的變色龍很多都是中型乃至大型種，其中有一些品種是生活在乾燥地區、草原、農園、村落周邊等開闊地區的植被中。其生活環境的氣溫與紫外線量都會比森林深處還要高，而且略偏乾燥。進入樹叢或樹蔭中則較涼爽且昏暗，濕度通常也比較高。不妨想像一下牠們的生活史，為其打造一個不會太複雜且開放空間比其他類型還要寬敞的造景。這些品種比較耐高溫，稍高於30℃也無妨，但並非一直維持高溫，而是讓牠們做日光浴，或以含紫外線的爬蟲類專用燈來照射。適合這種造景的品種中，很多都是飼育難度低而適合新手的變色龍。

飼育範例

②局部樹叢型

適合這種造景的品種

傑克森變色龍	短角變色龍
菲佛變色龍	費瑟變色龍
四角變色龍	巨型費瑟變色龍
圓角變色龍	斜紋變色龍
奧桑納斯變色龍	吉力馬札羅雙角變色龍 　　等等

適合這種造景的變色龍很多都屬於中型種，主要是生活在稀樹草原、乾燥林地或丘陵地等，需要一定程度的開放空間。牠們也喜歡明亮的環境，雖然要設置一些樹叢，但不必太茂密。這些品種較為活躍，應該安排比較簡單的造景以便於其活動，但不必像前述的「空間開闊型」那麼寬敞。尤其是*C.j. merumontanus*（傑克森變色龍的亞種），必須設置多一點樹叢。氣溫方面則應設定畫夜溫差，使用爬蟲類專用燈來照射。也可以因為飼育個體已漸漸適應環境或其他理由，變更為③樹叢型或④茂密樹叢型（建議解讀飼育個體所發出的信號，靈活地應對）。這種類型是飼養變色龍的標準造景。

飼育範例

③樹叢型

適合這種造景的品種

雙角變色龍	三角變色龍
柏梅雙角變色龍	華納變色龍
頭盔變色龍	侏儒蜥屬的同類　　　　　　等等

不打造寬敞的開放空間，而是利用樹枝與植物為其打造出明暗區域等。適合這種造景的很多都是中型乃至小型的變色龍，飼育難度則依品種而異。高山種耐低溫卻不耐高溫，所以夏季必須考慮到溫度管理。基本的溫度設定並不高，不設置聚光燈或將燈光轉弱都無妨。這些品種的飼育難度並不高，又以中型以上的品種較容易飼養。

飼育範例

頭盔變色龍

這位愛好家的飼育範例在濕度管理與通風上費了一番工夫：產生霧氣來提高濕度、在飼育房間裡設置觀葉植物與循環扇。連飲用水都是利用貓狗專用的產品來驅動，還有提高濕度的效果。

④茂密樹叢型

適合這種造景的品種

威爾斯變色龍　　　　　紅刺變色龍
彼特變色龍　　　　　　海帆變色龍
孔雀變色龍　　　　　　獨角變色龍
麥諾變色龍　　　　　　腹紋變色龍
歐文變色龍　　　　　　藍鼻變色龍　　　　　　等等

飼育範例

此類型不打造開放空間，讓變色龍可以一動也不動地藏身於樹叢之中。適合這種造景的變色龍很多都是外觀更像植物的品種。務必要設置一個昏暗的區域。此群體以小型種為主，正因為體型小，大多都不太容易飼養。要用小型聚光燈照射部分區域。

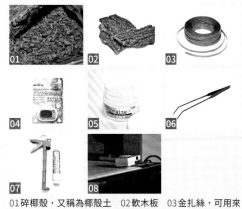

01碎椰殼，又稱為椰殼土　02軟木板　03金扎絲，可用來固定樹枝等　04數字溫度計　05「ioraise」。除臭、抗菌與防霉的效果可期　06鑷子，可於爬蟲類專賣店等處購買　07矽膠。要將粗樹枝或軟木板黏在飼育箱內壁時可以使用　08小型風扇

⑤森林落葉層型

適合這種造景的品種

枯葉變色龍的同類
侏儒變色龍的同類   等等

　　此群體是以地表附近為活動區域，枯葉變色龍與侏儒變色龍的同類皆含括其中。水族箱或爬蟲類專用箱等會比有高度的飼育箱還要適合，不過變色龍多少會在垂直的空間進行一些上下活動，因此務必要為牠們搭設

一些流木、爬藤類植物與細枝等。使用土壤作為墊材。變色龍入夜後大多會爬到細枝上休息，應該另外豎立一塊軟木板等，設置一個昏暗區。飼育難度不算太高。

對這個群體而言，軟木板的陰影處或落巢等都會成為良好的庇護之所。

⑥其他

適合這種造景的品種

帕爾森氏變色龍　　　　　　納米比亞變色龍

米勒變色龍　　　　　　　　　　　　　等等

大型種大多因為體型大而採取放養的方式，例如生活在沙漠的納米比亞變色龍等。帕爾森氏變色龍是最重的大型種，生活在森林深處，在人工飼育下也務必為其打造明暗區域，因其體型大，大多會採取放養。米勒變色龍習慣待在大樹的樹冠層，所以在人工飼育下也會想前往高處。也有不少愛好家會為其保留寬敞的飼育環境並進行放養。

放養的範例

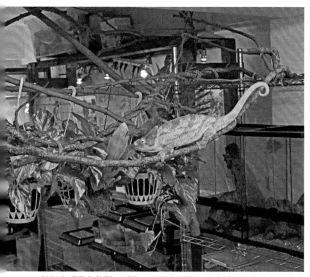

帕爾森氏變色龍雖不活潑，卻是空間認知能力特別強的品種，適合放養。

納米比亞變色龍

日常的照顧

| *e v e r y d a y   c a r e* |

接下來將介紹平日的照顧、餵食與供水等作業。
為變色龍所費的工夫獨樹一格，想必充滿了樂趣。
牠們吃東西了！
牠們喝水了！
飼主應該可以獲得更多這樣的喜悅。這便是飼養變色龍的日常。
希望大家可以試著樂在其中。

01 | 餌食的種類與餵食

近年來已經開發出各式各樣爬蟲類專用的人工食品，市面上也有販售 GRUB PIE 與 LEOPAGEL 這類可以用來餵食蜥蜴或守宮等的餌食。然而，目前尚未開發出變色龍專用的人工食品。這是因為變色龍的進食特性鮮明，牠們會對移動的物體有所反應並進行獵食，卻無法透過氣味或顏色來識別哪些東西是食物。有鑑於此，基本上用來餵食的餌食都是各式各樣的活昆蟲。除了爬蟲類專賣店外，觀賞魚店等處也有販售餌食昆蟲，蟋蟀等皆有各種大小可供選擇，因此可以配合飼育個體來挑選。如果一直用鑷子來餵食，已經習慣於此的個體有可能會對只是夾著不動的餌食展開獵食。在這樣的情況下，冷凍的餌食昆蟲應該也能派上用場。專賣店就有販售許多冷凍餌食。

餵食各式各樣的餌食是比較理想的，不過也要考慮到是否能持續取得及其成本等。只要飼養得當，僅以作為主食的蟋蟀來餵食也無妨（可利用營養輔助食品來提高營養價值），以下介紹可以用來餵食變色龍的餌食昆蟲。

【專賣店等處有販售的餌食昆蟲】

· 黃斑黑蟋蟀　易取得的餌食昆蟲。市面上有販售各種大小。黑蟋蟀比較大隻，飼養大型變色龍的話就很適合。動作稍快，營養價值高，是作為主食的餌食。

· 家蟋蟀　和黃斑黑蟋蟀一樣容易取得，也有販售各種大小。動作比黃斑黑蟋蟀還要迅速，不過很耐乾涸而折損少。雖不如黃斑黑蟋蟀，但營養價值還是很高，是作為主食的

黃斑黑蟋蟀。用鑷子夾住腹部附近。

家蟋蟀

黃粉蟲

餌食。

‧**黃粉蟲** 除了專賣店之外，在家居用品店等處也買得到。以蠕動方式行進，是擬步行蟲的幼蟲，遲早會化蛹並長為成蟲。容易存放，也幾乎不會折損。營養價值低於蟋蟀，不會作為主食。

‧**巨型蟲** 以巨型黃粉蟲的名稱在市面上販售。可以在專賣店等處購買。以蠕動方式行進，容易存放。營養價值高於黃粉蟲，但不會作為主食。

‧**蠟蟲** 可在專賣店等處購買。為大蠟蛾的幼蟲，以蠕動方式緩慢行進。容易存放，但只是點心的替代品。

‧**蠶** 可在專賣店等處購買。蠶蛾的幼蟲，以蠕動方式緩慢行進。白色與動作都能引起食慾，變色龍對其反應絕佳，但只能當點心

而不會作為主食。五齡蠶的體型夠大，方便好用。

‧**杜比亞蟑螂** 作為餌食的蟑螂，容易存放與繁殖。雖然很多人不喜歡，卻是方便好用的餌食。含水量比蟋蟀少。

‧**櫻桃紅蟑螂** 作為餌食的蟑螂，雖然比起杜比亞蟑螂有更多人不喜歡，但這種蟑螂也很方便好用。體型比杜比亞蟑螂還小，適合多數變色龍。

‧**猩猩蠅** 可在專賣店等處購買。作為箭毒蛙專用的極小餌食昆蟲在市面上販售。可用來餵食剛出生的小巧幼體，但是必須噴出舌頭來捕捉餌食，變色龍容易因此感到疲倦。如果是已經可以吃蟋蟀的個體，最好直接餵食蟋蟀。

‧**鼠婦** 可用來餵食幼體、枯葉變色龍與侏

蠟蟲

蠶

杜比亞蟑螂

儒變色龍。

・乳鼠　可用來餵食帕爾森氏變色龍與米勒變色龍等大型種。營養價值也很高，對產後的雌性變色龍（大型種）來說，亦是絕佳的餌食。

・蜥蜴專用人工餌料　可用來餵食習慣從鑷子取食的個體，但基本上還是希望以餌食昆蟲來餵食。

【可自行採集的餌食昆蟲與其他】

・蟬　屬於季節性昆蟲，但變色龍對其反應佳。有些人會集中採集並冷凍保存，以供日後使用。

・蝴蝶　一般主要是使用成蟲。屬於會飛的餌食，可以替餵食菜單增添變化。

・螳螂　擁有綠色的體色，屬於別具魅力的餌食。應先去除鐮刀式前腳。孵化螳螂的卵即可用來養育變色龍的幼體。

・蝗蟲與蚱蜢　這兩種昆蟲也是以綠色居多而別具吸引力。總而言之，變色龍對綠色餌食或會飛的餌食的反應都相當好。

・蜂蛹　營養價值絕佳，但不容易取得。

・肉類　食用的雞里肌、雞胸肉與雞腿肉等等，也可用來餵食習慣從鑷子取食的個體。

【餵食的頻率與分量】

　　餵食的基準是：成體2、3天一次，幼體則要每天餵食，不過每隻變色龍對飼育氣溫與飲食也有自己的偏好，不妨個別進行調整。餌食的大小也應隨其成長而逐步升級，例如高冠變色龍或七彩變色龍的成體應該以最大的黃斑黑蟋蟀或家蟋蟀來餵養，幼體則餵食S號大小的蟋蟀，再隨著成長轉換成M號。還有一個方式是以動作與顏色各異的黃

鼠婦

冷凍特大蟋蟀

冷凍蟬

斑黑蟋蟀與家蟋蟀交替餵食，藉此預防變色龍厭食。如果餵食太小的餌食，會無端增加其舌頭彈射的次數而消耗體力，所以務必要仔細觀察飼育個體，判斷適當的餌食大小與分量。然而，剛出生的幼體有時會吃太多，應該避免讓牠們過度發胖。此外，分娩（產卵）前的雌性變色龍也要天天餵食。一次的餵食量控制在八分飽。把要餵食的量一次提供，只需要掌握隻數即可。如果5隻就能吃飽，下次就減為4隻──以此方法來調整。不過如果是剛進貨不久的WC個體，則最好餵到吃飽為止。

此外，餵食變色龍前，務必先提高餌食昆蟲的營養價值。可以讓蟋蟀吃蔬菜類或專用食，讓黃粉蟲或巨型蟲吃蔬菜或麥糠等，養胖之後再拿來餵食，餵食前還要先撒滿補鈣劑，進一步增添營養。如果是要提供給幼體或懷孕中的雌性變色龍，則添加多一點營養劑，除此之外，（平常）則每週添加一次左右便綽綽有餘。

冷凍竹蟲

冷凍黃斑黑蟋蟀

冷凍螻蛄

冷凍蚱蜢

02 | 餵食的訣竅

基本上是以蟋蟀來餵養，可以的話最好先去除其觸角與腳，再以鑷子來餵食。也可以準備食物盆，讓變色龍自行從該處捕食。餵食菜單應該是愈豐富愈好，但考量到現實面，如果牠們願意吃蟋蟀，就只提供蟋蟀也無妨。只要在餵食前先餵養蟋蟀並撒滿補鈣劑，應該就不會有營養方面的問題。如果因為過於寵愛變色龍而餵食其他餌食，使其對蟋蟀的反應變差，反而可能會導致營養失衡或難以持續取得餌食。

為了讓牠們在進食後能夠消化，設置一個可以提高體溫的區域也很重要。基本上在上午或中午左右，飼育箱內的氣溫會升高，變色龍的體溫也會上升而使代謝變得旺盛，這時正是餵食的好時機，但有些人要上班或上學等。希望每位飼主能依自己的生活模式進行調整，例如利用定時器提前打開聚光燈等。最好避免在關燈前餵食，因為變色龍的體溫接下來會逐漸下降。共有以下幾種餵食方式：

1）放進飼育籠內　讓幼體、小型種或反應遲鈍的個體在籠內追逐逃跑的餌食昆蟲。

2）以鑷子來餵食　最大的優點便是可以掌握餵食量。缺點是變色龍的運動量會下降，若能在餵食時將其射程範圍考慮在內，隔一段距離來吸引牠們的注意力，或是讓牠們多少可以追趕一下餌食，這樣會更理想。

3）以食物盆來餵食　這樣比較省事，但是難以掌握每個個體的餵食量。只要事先在食物盆裡撒些補鈣劑，就會附著在蟋蟀的腹部而能增添營養。把食物盆設置在變色龍的生活圈內，例如掛放在樹枝或壁面上，而非擺在地面上，這樣會比較方便進食，但如果一直讓牠們處於不完全伸長舌頭就能補食的狀態，舌頭可能會再也無法充分伸長。此外，吃剩的餌食必須清除乾淨。

變色龍是憑藉對動作的反應來捕食，所以應該以活的昆蟲來餵食，不過只要一直用鑷子夾住來餵食，牠們就會習慣，便可以此方法來餵食冷凍昆蟲等。也可以使用冷凍蟋

伸長舌頭的帕爾森氏變色龍

高冠變色龍也會吃植物性食物（照片為豆苗）。

補鈣劑

亦可將營養輔助食品放進食物盆內或撒滿再來餵食。

蟀，或將採集來的蟬或蚱蜢等昆蟲冷凍保存起來，便能加以利用。時代愈來愈便利，近年來已經可以在專賣店等處購買到各式各樣的冷凍昆蟲。像冷凍食這類已經死掉的餌食，只要用鑷子夾住並移動，變色龍應該會比較有反應。此外，以鑷子來餵食時，應夾住蟋蟀的腹部附近，方便變色龍食用。夾的時候應避免讓鑷子的尖端朝向變色龍，以免傷及舌頭。情況允許的話，也要把餌食與變色龍之間的距離考慮在內。在其舌頭勉強可搆著的射程距離內餵食是比較理想的。如果為了方便牠們進食而湊近，可能會導致CB個體等的舌頭射程距離縮短。CB個體的射程往往比WC個體的射程短，一般認為是受到這層因素的影響。另一方面，如果是小型種或幼體等，較難用鑷子夾住餌食來餵食，這時則改用食物盆。

　　只要有一個適當的飼育環境並適當地餵

食，基本上僅提供蟋蟀也不會導致厭食。然而，其他個體過度刺激所造成的精神壓力、口腔內部受傷、餵食時間隔太久、水分攝取量不足等原因，也有可能導致絕食（雌性變色龍在產卵期間有時也會拒食）。以下介紹遇到這種情況的應對方式。

1）嘗試各種餌食
2）改變餌食的動作或是顏色。去除蟋蟀的腳，或是撒滿補鈣劑使其變白，有時光是這樣就能讓變色龍願意進食
3）將變色龍移至不同的飼育籠裡，改變飼育環境
4）改變食物盆的位置（移至高處等）
5）提高飼育溫度與濕度（冬季氣溫較低，所以代謝也會下降）
6）讓變色龍做日光浴
7）避免讓其他動物看到變色龍
8）改變餵食方式，例如使用活餌箱、直接餵食，或把餌食昆蟲放置在樹枝上，讓變色龍走動等
9）改善通風狀況等
10）將墊材換成寵物尿墊，讓餌食易於辨識

從活餌箱進行捕食

吃著餌食的七彩變色龍

03 ｜ 飲用水與供水

　　水是飼養變色龍的關鍵要素。水對其他生物而言也是必備要素，但是要讓在樹上生活的變色龍喝水，則需要一些小巧思。如果只是把裝了水的飲水容器擺著，牠們大多不會喝。

　　在野生環境中，一旦下雨或因早晨的薄霧而在葉子上形成水滴，便會在陽光下閃閃發光，並順著葉片流下。變色龍對此習以為常，所以如果毫無動靜或少了水的反射（光輝），牠們就會無法意識到那是水。這便是為什麼在人工飼育下必須提供動態的水，單是把水倒入飲水容器裡擺著，牠們是不會喝的。最理想的做法是讓變色龍可以在想喝的時候隨時喝到新鮮的水。入夜後變色龍也要睡覺，所以只在其醒著時供水即可。不過最好花費一些心思，例如利用塑膠盒來承接滴落的水等，以免因為水滴等而弄得溼答答。

・滴漏法　可以自製，不過市面上也有販售方便的爬蟲類專用產品。將水瓶擺在飼育箱上，倒入水，讓水滴順著軟管滴滴答答地落下，便可讓變色龍喝水。水滴若能落在葉片較寬的植物上會更好。此方法有個小缺點，就是在變色龍活動的時間內，並不是一直都有水可喝。

・噴霧法　將水霧噴在變色龍身旁的葉子或牆面上，讓牠們飲用水滴。亦可與滴漏法並用。不過此方法並不適合正在脫皮的個體的身體。

・寵物貓狗專用飲水器　這是一種小型的飲水器，內建附過濾網的幫浦，可以讓變色龍經常飲用到流動的水。通常必須設置在地面上，所以有些愛好家會費心思打造架子，將其設置在飼育環境的中層一帶，或是插上管子，讓仿真植物纏繞其上等。

・充氣法　此方法是將氣泡石放進飲水容器

多位愛好家的各種巧思範例

裡，然後與空氣幫浦相接，在水面上製造波動。如果能讓飛沫附著在附近的葉子上並形成水滴會更好。

• 自製飲水器　有些愛好家還會自製飲水器等，例如將切成兩半的寶特瓶倒置，在瓶蓋上鑽孔並插入軟管，以此來輸送氣體。

　　此外，如果是使用軟管，只要加裝一個閥門（可在觀賞魚店等處購買），便可以調整滴水的間隔。另外還有一些小巧思，例如以燈光照射水面，使其反射而波光粼粼，讓水更容易辨識等；或在變色龍做日光浴的時候以蓮蓬頭灑水，牠們對在陽光下閃閃發光的水滴一向反應良好。無論如何，使用的水都必須是新鮮的。也可以在水裡溶入一些葡萄糖粉，供應給有點脫水的個體。

　　另一方面，為了替植物澆水或提高整體環境濕度而噴灑的水霧，必須與飲用水區分開來。一旦濕度不足，變色龍往往會閉著眼睛，所以如果觀察到這樣的信號，建議試著增加噴霧的次數。如果是使用鳥籠等容易乾燥的飼育箱，要想維持一定程度的溼度，可以用塑膠布覆蓋周圍，或是放入觀葉植物的盆栽等。也可以設置溼度計，不過如果是利用滴漏法等來供應飲用水，地面很容易變得溼答答，所以不是特別乾燥的話，應該沒必要太在意濕度，反而要留意避免高濕度導致空氣滯留。如有必要，務必要裝設風扇等。

從滴管處喝水

04 | 環境維護與搬運

變色龍基本上是一種「不希望被別人察覺自身存在」的動物。為了遠離外敵以求自保，或是悄悄靠近餌食昆蟲等，牠們會進行擬態，並躡手躡腳地靠近。牠們連前進一步的動作都有如隨風擺盪的樹葉般來回擺動，一旦敵人進入其視線範圍內，變色龍就會繞到樹枝背面，或是藏身於樹叢之中。已經徹底習慣人工飼育的個體不一定會這樣，但是經常察言觀色或僅僅是目光交會，都會讓變色龍緊張到身體冒出小斑點。話雖如此，在飼育過程中，無論如何都會出現必須搬運牠們的狀況。要清掃飼育箱或做日光浴等而必須將牠們移至箱外時，最好巧妙地引導變色龍。伸手充當樹枝，為牠們開闢道路。萬萬不可從上方猛抓，此舉很有可能讓牠們產生猶如被最討厭的鳥類襲擊般的感受。飼主應極力減少變色龍的壓力，不要做出凝視之類的舉動，搬運時也務必格外留意這些方面。

首先，將手或樹枝伸到變色龍面前，如果牠肯自行抓住，維持不動即可；如果牠不

搬運的範例

正在脫皮的七彩變色龍

肯出來，則輕戳其後方，讓牠往前移動。當牠的四肢搭乘在你的手上或樹枝上，便可做出往上掬起的動作。這時牠的尾巴可能還捲繞在樹枝或葉子上，所以必須格外留意，輕巧且緩慢地移動。如果牠繼續前進，則用另一隻手開路，讓牠爬上去。有些個體或品種可能會跳下來，所以應該盡量讓牠們在低處移動。

　　將變色龍移到其他地方後，便開始清掃飼育箱：更換墊材、清除剩食、更換燈泡與飲用水、清潔玻璃表面等。不過脫皮前的變色龍有時會食慾不振，如果可以不必移動變色龍，保持原樣即可。此外，建議在搬運時順便檢查其握力與體重等。

脫皮前與脫皮後的帕爾森氏變色龍。鼻尖的突起與體色在脫皮後都變漂亮了。鼻尖的脫皮已經完全脫落。

05 | 來自變色龍的信號

以下試著列出來自變色龍的信號，希望大家能作為飼育時的參考。

· 變得暗沉

脫皮前、老化、氣溫低。

· 出現黑色紋路

緊張、憤怒、發情。

· 變成全黑

寒冷、想提高體溫、紫外線量太多、雌性拒絕雄性、極度緊張、承受著壓力、畏縮。

· 變得泛白

太熱、想降低體溫、放鬆時。

· 變得泛黃

氣溫高、有來自其他個體的壓力、求偶色等（噴點變色龍·噴點三角變色龍）、「綠色系七彩變色龍」興奮時、已懷孕的雌性拒絕雄性（彼特變色龍）、瀕臨死亡。

· 變得鮮豔

求偶色、雄性間的威嚇、雌性拒絕雄性。

· 變得明亮

昏昏欲睡、進行攝食等活動時、狀態明顯不佳。

· 展開身體

想提高體溫、威嚇。

· 張開嘴巴

氣溫高、調整體溫、罹患呼吸系統疾病、餌食過大、威嚇、攻擊態勢。

· 呼吸急促

脫水、罹患呼吸系統疾病。

· 頻頻四處走動

環境惡劣、過度高溫、複數飼育下進行的威嚇、確保勢力範圍。

· 從樹枝上爬下來

對造景不滿意、健康狀況惡化、四肢障礙（握力不足）。

· 不進食

壓力、產卵前、罹患口腔疾病、受傷、溫度不當、餌食種類改變。

· 不伸出舌頭

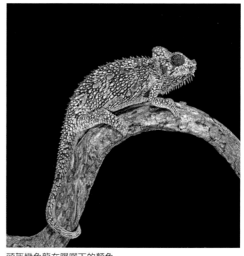

頭盔變色龍在曝曬下的顏色

水分不足、受傷、把CB個體長期飼養在狹窄的環境中或是用食物盆來餵食。

・無精打采地待在聚光燈下

需要紫外線、夜間溫度太低的狀態。

・無法順利脫皮

濕度不當、氣溫低、營養或水分不足。

・閉著雙眼

承受著壓力、紫外線量太多、溫度低、長期水分不足。

・閉著單眼

受傷、罹患白內障、有眼屎。

・頻繁眨眼

濕度低、過度明亮、清潔眼睛。

・眼睛凹陷

脫水、承受著壓力、持續高溫狀態、健康狀況惡化、不規律的開燈照明時間。

・不成長

餌食量太少、特定營養素不足、飼育籠狹窄、運動量低、溫度低、體質問題、幼體時期吃太多導致肥胖、服藥的影響。

帕爾森氏變色龍的脫皮過程

06 | 日常健康檢查等

在此彙整了飼養變色龍時較常聽到的疑難雜症等。當變色龍生病或受傷時，盡量不要自行處置，最好帶到可以為爬蟲類看診的動物醫院，請獸醫診斷比較好。

動物醫院也分為很多種，有專門治療貓狗的、有連小動物都納入看診對象的，也有可為爬蟲類診療的醫院等。只要向購買變色龍的專賣店洽詢，店家應該就會介紹附近的醫院給你。

· 有大蜱蟎或紅色小蜱蟎附著在身上

使用去除蜱蟎或跳蚤的藥，或是用鑷子等加以清除。只要飼養在適當的環境之中，蜱蟎應該會自然消失不見。清除後，應再次確認還有沒有蜱蟎附著，如果難以根除，建議向獸醫諮詢。

· 負傷

複數飼養或交配時有可能會發生咬傷，如果只是輕傷倒是無妨，大部分1週左右便可痊癒，脫皮後就幾乎不留痕跡。如果傷勢較為嚴重，則應帶去找獸醫。

· 發生脫皮不完全

如果用手就可以取下，不妨幫牠們把不需要的皮剝下來。尤其是小型種等，光是有皮殘留在四肢背面，就有可能失去握力甚至死亡，所以必須格外留意。此外，當牠們的皮膚變白浮起時，如果因為噴霧而弄濕身體，也會導致脫皮不完全。

· 呼吸異常

如果變色龍像是要保持喉嚨暢通般做出伸直上半身的姿勢，即為濕度不足或水分攝取量不足的信號。呼吸時會開始發出咻咻的怪

為帕爾森氏變色龍量體重。在排便前後測量的結果顯示，一次的糞量為30g。

正在為變色龍去除眼睛的油脂。不妨交由專業獸醫來處理。

聲。出現初期症狀時應提供充足的水，如果還是沒有復原，請諮詢獸醫。

·罹患腐口病

此病的主要原因似乎也多是水分不足所引起的。只要讓變色龍充分飲水，並用棉花棒像在刷牙般幫牠們清除口中的黏著物，當嘴部動作變得順暢後，大多會痊癒。務必從平常就仔細觀察並及早應對。

·不伸長舌頭

如果只是幾天不伸長舌頭，健康上並無大礙，應該是體內水分不足所致。如果是長期不伸長舌頭，又以飼養CB個體的成體且從餌食箱來餵食的情況居多。不妨反覆嘗試這樣的復健訓練：以延長其射程距離為目的，分散餵食餌食昆蟲，讓牠們進行狩獵。還有一個方法是用鑷子夾著餌食放在勉強可搆著的射程距離，讓牠們為了捕食而漸漸伸長舌頭。這種時候必須讓牠們飲用充足的水。有時這麼做就能有所改善。

·閉著眼睛

閉單眼或閉雙眼的應對方式有所不同。如果是閉單眼，便是眼睛的問題，應向購買的商店洽詢，或請獸醫診斷。如果是閉雙眼，多半是環境配置等飼育上的問題，應重新審視飼育環境。

·關於變色龍的壽命

有別於野生時期，在人工飼育下變色龍的壽命約為3～5年，較長壽的品種為10年，較短壽的則約為2～3年。以帕爾森氏變色龍來說，也有活超過14年（推算）的案例。另外，也有報告指出，傑克森變色龍的*C.j. xantholophus*亞種可活8年以上，而小型種威爾斯變色龍也能活超過6年。

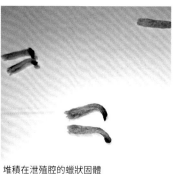

堆積在泄殖腔的蠟狀固體

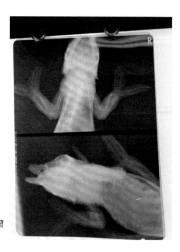

前肢骨折的X光片（帕爾森氏變色龍）

變色龍的繁殖

| b r e e d i n g |

變色龍的繁殖週期很短。
有些充滿熱誠的愛好家會讓變色龍進行繁殖,長期享受變色龍的飼育樂趣。
變色龍的進貨是不定期的,目前會從歐美進口各種CB個體,
但還是希望其他地方也能逐漸繁殖出更多CB個體。
這也是為了傳給下一代的愛好家……。

01 | 進行繁殖前

　　根據目前相關法律的規定，要繁殖爬蟲類、轉讓或販售CB個體，必須要取得動物經辦業者的許可證。換句話說，如果要讓繁殖的CB個體參加育種相關活動等並進行販售，就必須取得許可證。以結果來說，這樣的規定是比照貓狗的準則來對待爬蟲類，不過畢竟是生活模式截然不同的生物，所以各種質疑聲浪四起。話雖如此，法律終究是法律，還是必須遵守。這項法律會定期修訂，而且每個自治體都有細部的差異，有考慮進行繁殖並販售的人，務必要評估取得動物經辦業者許可證的相關事宜（譯註：按照台灣《動物保護法》的規定，申請許可並領有營業證照的業者才可以繁殖、買賣動物）。不過，如果所有繁殖的個體都是要自己飼養的話，則無此必要。幼體時期可以養在一起，但如果要讓所有個體都能順利長大，還是必須轉為個別飼育才行。希望飼主能把繁殖考慮在內，並仔細思量是否有足夠的空間？是否可以確保餌食來源？還有，是否能有始有終地做好照顧工作？

　　然而，變色龍的品種眾多，目前還未能取得充分的繁殖數據。如果順利繁殖成功，請務必將繁殖報告投稿到爬蟲類與兩棲類的專門雜誌《CREEPER》等。如此一來便可與全國的愛好家共享繁殖的資訊，應該有助於逐步提升國內的技術。正是因為有經驗豐富的變色龍專家傳授相關的技術，如今我們才

有能力飼養變色龍。接下來若能由閱讀本書的讀者進一步協助確立這些資訊，對於長年與變色龍相伴的筆者而言，再也沒有比這更值得開心的事了。

繁殖變色龍的一大前提是要有一對健康的變色龍，唯有一種情況例外，那便是取得所謂「抱腹」的雌性變色龍。這是指在野生環境中完成交配，並在懷孕或抱卵的狀態下被進口到國外的雌性變色龍。帶回一隻抱腹的個體之後，不久便開始產卵或分娩，這也是常有的事。不過新手最好避免購買抱腹個體，這是因為抱卵（懷孕）的雌性變色龍通常都處於相當敏感的狀態，並從遙遠的非洲或馬達加斯加進口，飼育難度相當高。這類

雌性變色龍往往會在產卵（分娩）後死亡。即便是專家，要養活產後的雌性變色龍也不是件容易的事。經驗老道的愛好者都明白這個道理，所以不會選擇抱腹個體。請飼主務必牢記此事。

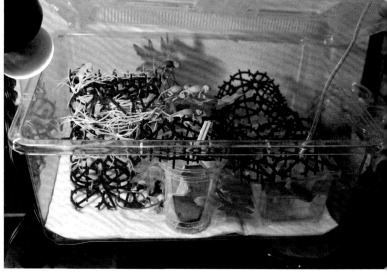

02 性成熟與雌雄辨識

　　無論是WC個體還是CB個體，如果要繁殖，就必須從飼育一對性成熟的變色龍開始著手，使其維持良好的狀態。據說變色龍在出生後1年左右便達到性成熟，但不能一概而論。希望飼主不要急躁，不疾不徐地養育，讓牠們能以絕佳的狀態迎接繁殖這件大事。也可以從牠們發出的信號來判斷是否已經性成熟。高冠變色龍在出生後半年～1年左右便達到性成熟，體色會開始轉黃。雌性大部分比雄性晚。並不是讓雌性看過雄性後感覺不討厭就行得通，如果太年輕而身形尚小，便無法順利產卵。以雌性七彩變色龍來說，如果體色變淡且帶點粉紅色，便是發情的信號。在有些情況下，讓牠們意識到其他個體也可以促進發情。希望飼主能從平日開始觀察，以免錯過牠們發情的信號。

　　關於各個品種的雌雄辨識，雖然也有可能誤判，但變色龍是雌雄異型（譯註：指一個物種的雄性、雌性在外表上的差異）相當顯著的動物，所以大多數的品種都是可以辨識的。在各個品種的解說中也有提到，雄性大多體型較大且尾巴根部膨大，連頭部都比較結實。也有部分品種是雌性的體型較大，或是尾巴鼓脹的程度看不出差異等，因而雌雄難辨。高冠變色龍等品種從幼體時期開始便有個明顯可見的辨識重點，那就是雄性的腳跟上有個微小突起。

已達性成熟的雄性天狗變色龍

已發情的雌性七彩變色龍

部分品種可以透過後肢腳跟上的突起來辨別雌雄。這隻是雄性高冠變色龍。

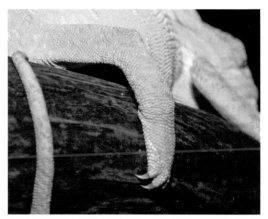

雌性高冠變色龍。腳跟上沒有突起。從幼體時期便可從這點來區分性別。

高冠變色龍懷孕時的體色。配色會變得比平常還要豔麗。

03 | 配對與產卵（生產的準備）

交配中的七彩變色龍

交配中的傑克森變色龍

有了一對已達完全性成熟而可交配的變色龍後，接下來就可以進行配對了。要讓在此之前都是單獨飼養的雌雄待在一起，不過最好先試著讓牠們隔著飼育箱看看彼此的身影，並仔細觀察雙方的行動與身上的配色，而不是突然就讓牠們同居。一旦雌性進入視線範圍內，興致勃勃的雄性就會開始採取行動，亦即微幅地來回擺動頭部（bobbing）。體色會變得更為鮮豔，並試圖接近雌性。以七彩變色龍的情況來說，雄性的眼睛會出現放射狀的紋路。另一方面，雌性如果無意接受求偶，則會採取威嚇行動。當雄性進入視線範圍內，雌性卻沒有做出威嚇之舉，便可試著將雄性移至雌性的飼育箱中（如果配對過程不順利，則應反過來將其分開）。雄性會靠近雌性並從後方爬到其背上，便可成功交配。若是無法順利交配，則先暫時分開，隔天再次進行配對。最好趁雌性還未對雄性失去「性」致前，也就是當天傍晚到大後天之間，再次挑戰看看。

確定交配之後，應暫時分開來，不過有時會讓牠們同居 2 ～ 3 天左右以便提高受精率。交配時間大約是 10 ～ 40 分鐘。雌性在交配後會開始拒絕雄性，雌性七彩變色龍的身體會轉為黑色配橘色，這是一種表示拒絕的體色。此外，在讓牠們同居之前，應先確保樹枝的粗細足以讓 2 隻在上面進行交配行為，並牢牢地加以固定。造景簡單即可，以

免妨礙其交配。不妨為交配後的雌性提供比平常還要多的補鈣劑。

　　如果要讓高山種進行配對，最好在變色龍最放鬆的時刻進行，也就是上午餵食後，正在曝曬時。這是因為不少高山種的雌性似乎比七彩變色龍還要神經質。如果原本就是雌雄成對同居飼養，則先暫時單獨飼養在不同的飼育箱裡，之後再進行配對。無論如何都應該記下交配日期。雖然會因為個體不同而多少有些差異，不過這應該可以作為產卵（分娩）日的判斷基準。胎生種的孕期會比卵生種還要來得長，所以必須仔細觀察母體的行動。

　　最好對懷有身孕的母體格外照顧。胎生種必須攝取在體內成長的寶寶所需的養分，所以供餐與供水要在營養方面特別費心，還要準備一個可以暖和身體的熱區。如果在低溫環境下生產，通常死產率也會提高。

　　即將分娩的母體所顯現的信號之一，就是容易變得神經質。即便是個性大膽的個體也會躲在陰影處，亦或手一靠近就會張嘴示威或試圖咬人。不妨讓植物長得更加茂密，打造可以藏身的地方，好讓母體感到安穩自在。如果是胎生種，通常會在交配後200～280天左右生產。即將分娩的母體會顯現的信號之一，便是食量逐漸下降，臨盆前則會完全不吃東西，只喝水。大部分在10天前左右便會開始出現這樣的行為，但也有些母

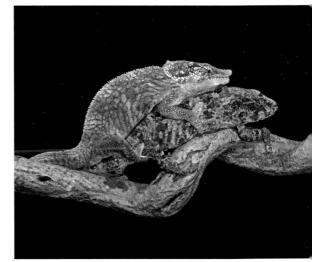

交配中的短角變色龍

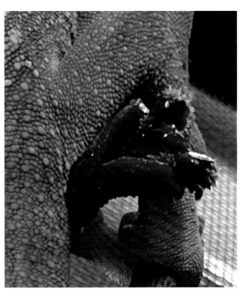

半陰莖。在進行變色龍的分類時，半陰莖的形狀是重要的判斷要素，不過實際目睹的機會應該不多。此照片僅供參考。

「HatchRite」是相當實用的孵蛋用產品。

正在產卵的情景。為其準備產卵床，或是移到另外準備的產卵箱中。

體到了分娩前一天都還正常進食，所以不能掉以輕心。

回到卵生種的情況。交配幾天後，成了母親的雌性會呈現妊娠色，這時應為其準備產卵床。以七彩變色龍來說，當雌性身上出現紅色紋路且全身變得漆黑，就表示已經受精；而高冠變色龍則是呈現黑底中帶有黃色或淺藍色的斑紋。此外，抱卵中的雌性會食慾增加，應添加多一點營養輔助食品等，使其攝取充足的營養，並飲用大量的水。

如果是使用土壤作為墊材，可以直接當成產卵區，但前提是鋪的厚度必須足以挖個洞。將土壤放進較深的塑膠箱或水族箱裡，作為產卵床，便於挖土又容易固定的會比較理想，不過每個愛好家偏好的產卵床各有不同。一般來說，通常會使用保水力較佳的材質，例如飼養觀賞魚專用的土粒系底砂、黑土與赤玉土的混合物等。不僅要確實弄濕土壤，還要用力壓實以免崩散開來。土的深度差不多是母體的頭身長。從交配到產卵約為30～40天（最長50天左右）。和胎生種一樣，產卵前的雌性大多會不吃東西且坐臥不寧。大致來說，在停止進食的3～5天後就會產卵。

雌性在結束交配後會渴求大量的食物。可透過營養輔助食品提高營養價值，並讓牠飲用充分的水。大部分會在產卵前幾天就不再吃東西。至於要領，容我再說一次，關鍵

在於土壤緊實度。因為如果土太軟，牠會不斷試圖重挖。此外，設置一個形狀像樹木根部的東西來作為支撐點會更好。只要將流木等堅硬且未發霉的東西插入產卵床中，雌性變色龍就會從該處挖洞產卵。應避免土壤太濕而導致底部積水。有些雌性無法一次產下所有的卵，所以應讓產卵床維持原狀，便於其再次產卵。即將產卵的雌性會變得焦躁不安。大部分在停止進食的 3 ～ 5 天後就會產卵。雌性在產完卵後，會填埋挖好的洞並壓實，不過牠的腹部會凹陷，而且通常隔著箱子也能看到卵，所以應該一看就知道。

產卵中的海帆變色龍

懷孕而腹部鼓起的頭盔變色龍

04 | 孵蛋、孵化與生產

等變色龍順利產卵之後，必須把蛋挖出來，但2～3天後再挖會比立即挖出更不容易發霉。先用萬能筆在蛋殼上標註記號，避免上下顛倒，以1～2cm左右的間隔逐一並排在另外準備的孵蛋箱中，並稍微填埋起來。至於孵蛋箱，以特百惠容器或塑膠杯等為佳，但也取決於蛋的數量，這方面可依個人喜好。一般使用的孵蛋材料有許多不同種類，包括爬蟲類孵蛋用、名為「HatchRite」的產品（可以適當調整含水量），還有在蛭石土壤中拌入少許碎椰殼製成的產品等，這方面也可依各自的喜好選擇。蛋會隨著成長而變大，最終變為約2倍大。以高冠變色龍

為例，蛋殼在一開始的3～5個月為白色，接著轉為微透，隱約可見血管而呈粉紅色，然後又變回白色，到了即將孵化之際，可能會因為局部變得透明而顯現出胎兒的綠色體色。當蛋殼表面出現水滴時，便是即將孵化的信號。此外，健康的蛋是不會發霉的，但死蛋會發霉或顏色變得黯淡，所以要予以清除。至於孵蛋的溫度，一般會利用儲酒櫃或可以調整溫度的冷溫庫等來控管。在爬蟲類專賣店可以買到孵蛋器，但也有人會自行製作。也可以在爬蟲類飼育箱中放置加溫墊與自動調溫器來管理。關於有旱季與雨季之分的馬達加斯加所出產的卵生種，為了度過旱

把蛋挖出來

將變色龍產下的蛋並排

即將孵化的高冠變色龍的蛋

孵化的畫面

孵蛋的情景

季，蛋會進入一段休眠期，之後必須切換為成長期，不過目前對這方面的細節仍在摸索中（不同品種的狀況各異，因此也無法舉出具體的數據，但一般認為關鍵似乎在於低溫到高溫之間的變化）。以七彩變色龍來說，孵化期為6～18個月左右（如果早一點切換為成長期的話，半年就會孵化，但如果休眠期較長，則需要1年半才會孵化）。一般來說，孵蛋溫度是以「比適合成體的溫度低2～3℃」為基準。

另一方面，胎生種則不需要孵蛋管理作業，母體的護理變得更為重要，必須讓雌性連同寶寶在體內持續成長所需的營養也一併攝取才行。為其提供充分的食物並添加營養劑，不妨也餵食一些較小的餌食，還要讓牠喝水。可以增加滴水的頻率等，確保一個經常有新鮮水可以喝的環境。成為母親的變色

龍大多會變得神經質，所以用不透明的布等來覆蓋飼育箱也是不錯的方式，但是不要全面覆蓋，最多只蓋一半左右，以免造成閉塞感。雌性從生產前約10天開始就會停止進食，但要確保持續有水可喝。剛出生的幼體還很小，應該避免使用鳥籠，還要留意飲水容器裡的水深，以免幼體溺水。分娩大多發生在早晨或傍晚，幼體出生時會包覆在薄膜中，隨後立即破膜而出，並不斷試圖往上移動，可能是出於本能認為上方是更安全的地方。此外，母親不會吃掉自己的孩子。

七彩變色龍從產卵到孵化的過程。為其準備產卵床，隨後將蛋挖出，並排在別的容器中，並以恆溫孵蛋機來管理溫度。

05 | 幼體的培育

　　幼體應與父母分開，安置於不同的箱內管理。基本的飼育方式與父母個體無異，但是餵食的餌食昆蟲較小，所以衣物箱、收納箱、較大的塑膠箱或較小的網格籠會比較適合。如果空間太寬敞，餌食會四散而導致幼體未能充分捕食。反之，如果待在太小的空間裡，則會導致舌頭的彈射距離縮短，長大後恐怕會無法吃到較遠的餌食，所以要格外留意。無法個別飼育也無妨，幼體期間是可以同居飼育的。幼體從出生第2天就會開始進食，3～5天後便可活躍地展開捕食。必須準備大量的極小型昆蟲，還要天天餵食。以廚房紙巾作為墊材會更容易找到餌食，應該能讓幼體輕鬆進食。隨著牠們的成長，再逐步更換為碎椰殼等。當牠們開始宣示地盤後，應改為個別飼育。此外，每個個體的成長速度不一也是常有的事，所以最好視情況分開飼養。逃跑、在飲水容器中溺斃、遭聚光燈灼傷、被飼育箱的開闔部位夾到等，都是培育幼體時常見的意外。為了避免過胖，應餵以大量的小型餌食，並用噴霧的水滴來提供飲用水。

　　高冠變色龍的寶寶體型較大，比其他品種還要容易飼養。一開始先用塑膠箱，接著換到45cm寬的飼育箱，等到全長長到15cm左右時，再換成寬60cm的飼育箱或鳥籠。馬達加斯加出產的變色龍品種會產下大量的小型卵，孵化天數通常比較長。相較於父母的體型，幼體的身體也會給人一種嬌小的印象。另一方面，產自非洲大陸的變色龍（雙角變色龍、四角變色龍、三角變色龍等）則會產下少量的大型卵，孵化天數比較短，幼體的體型也較大。胎生種在出生後比較難養活，最好讓牠們確實攝取營養。

高冠變色龍幼體的飼育範例。為了避免溺水、便於其捕食等而費了不少心思。

地毯變色龍（*C.l. major*），日本國內CB個體

三角變色龍，日本國內CB個體

奧桑納斯變色龍，日本國內CB個體

短角變色龍，日本國內CB個體

烏桑巴拉柔角變色龍，日本國內CB個體

頭盔變色龍，日本國內CB個體

傑克森變色龍（*xantholophus*亞種），日本國內CB個體

傑克森變色龍（原名亞種），日本國內CB個體

傑克森變色龍（*merumontanus*亞種），日本國內CB個體

幼體的飼育範例

幼體的飼育範例

七彩變色龍幼體的成長過程。孵化後2、3、4、5個月的紀錄與飼育箱

傑克森變色龍的成長紀錄

變色龍圖鑑

| picture book of Chameleon |

接下來會逐一介紹每個品種。
除了列出日本名稱、學名 (有些品種另有別名)、全長 (有些品種會有個範圍，
這是因為群體或雌雄等在體型上有所不同) 與分布區域外，還會加上溫度 (最適溫度與
「可承受範圍」。可承受範圍是指「如果只是暫時性，尚可容忍」之意。
尤其是對低溫的忍受度，應該會比列出的數值還要高，僅標示基準值)、
對水的反應 (☆愈多則愈佳)、活動 (☆愈多則愈活躍)、對明亮度的喜好 (☆愈多則愈偏好
明亮之處)、取得難易度 (☆愈多則愈容易。以2021年為標準)、
繁殖型態、飼育環境類型與生活區域。
隨著原產地或個體不同，變色龍也會各有偏好，以上終歸只是作為基準，
希望大家能解讀飼養個體所發出的信號，並以適當的方式來飼養。

高冠變色龍

Chamaeleo calyptratus

全 長	最大60cm（一般為30cm左右）	分 布	阿拉伯半島西南部
溫 度	**最適溫度** 25～30℃　**可承受範圍** 15～35℃		
對水的反應	★★☆☆☆	活 動	★★★★★
繁殖型態	卵生		
對明亮度的喜好	★★★★★	取得難易度	★★★★★（僅限CB個體）
飼育環境類型	①空間開闊型		
生活區域	乾燥地區的植被		

　　雄性的體型比雌性還大，頭冠往縱向伸長。屬於生活在嚴酷環境中的頑強品種，以適合新手的入門品種而聞名。變色龍之所以能以寵物之姿廣為人知，與此品種的存在有很大的關係，可說是貢獻良多。從某種意義上來說，高冠變色龍是為今日變色龍飼育奠定基礎的品種，不過也有戒心強而不易適應人類的一面。牠們會隨著成長而開始吃植物性食物（建議提供豆苗，被咬掉後還會再長出來），而且很貪心，無論對象是植物還是抹布，只要感受到濕氣，就會啃咬含有水分的東西，所以要格外留意。或許是因為產自降雨量少的地區，對於來自上方的滴水等反應不佳（隨個體而異，其中也有一些個體會記住滴水的位置）。屬於縱長型的變色龍，應重視飼育箱的高度。成長速度快。雄性特別排外，所以應該單獨飼養。市面上也有販售「藍鑽（Blue Daiya Pied）」等多個品種、變異的個體與藍色較明顯的血統等。雄性自幼體時期腳跟上就有個突起。一次可產下約20～80顆蛋，6～9個月即可孵化。

藍鑽。這是以體色帶點藍的綠松
石種（Turquoise）與黃色鮮明的
亮黃種（High Yellow）交配而成
的品種，體色為藍黃交織。

烏克蘭的CB個體

2007年前後流通於市面上的
少數WC個體

年輕雌性

雌性

幼體

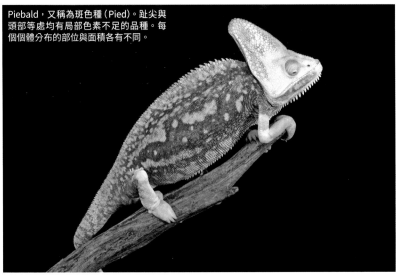

Piebald，又稱為斑色種（Pied）。趾尖與
頭部等處均有局部色素不足的品種。每
個個體分布的部位與面積各有不同。

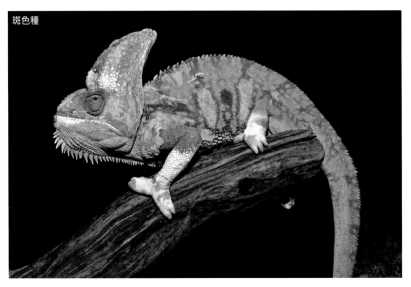

斑色種

雅緻變色龍

Chamaeleo gracilis

全 長	約30cm		分 布	非洲大陸西部的乾燥地區
溫 度	最適溫度23～28℃　可承受範圍15～32℃			
對水的反應	★★★☆☆		活 動	★★★★☆
繁殖型態	卵生			
對明亮度的喜好	★★★★★		取得難易度	★★★★☆
飼育環境類型	①空間開闊型			
生活區域	稀樹草原的灌木叢中或林緣等開闊之地			

　　整體體型細長，近似噴點變色龍，但有個不具可動性的小型皮瓣。有些雄性的腳跟上有突起，有些則無。雌性的體型略大。目前已知有2個亞種：*C. g. gracilis* 與 *C. g. etiennei*。為卵生，可產下約20 ～ 30顆蛋。

雅緻變色龍

塞內加爾變色龍

Chamaeleo senegalensis

別 名	細鱗變色龍			
全 長	25cm左右		分 布	從塞內加爾到喀麥隆北部
溫 度	最適溫度23～28℃　可承受範圍15～32℃			
對水的反應	★★★☆☆		活 動	★★★★☆
繁殖型態	卵生			
對明亮度的喜好	★★★★★		取得難易度	★★★★☆
飼育環境類型	①空間開闊型			
生活區域	稀樹草原的草地			

　　為淺綠～綠的單一體色。鱗片為細顆粒狀，沒有皮瓣與角飾。沒有高高的頭冠、沒有角，也沒有皮瓣，沒有任何裝飾即為這種變色龍的特徵。雄性的腳跟上沒有突起。以尾巴根部的鼓脹與否作為判別雌雄的基準。協調性佳，亦可多隻同居飼養。

塞內加爾變色龍

噴點變色龍

Chamaeleo dilepis

全　長	25～35cm	分　布	從非洲中部到南部
溫　度	最適溫度 23～28℃　可承受範圍 15～32℃		
對水的反應	★★★☆☆	活　動	★★★★☆
繁殖型態	卵生		
對明亮度的喜好	★★★★★	取得難易度	★☆☆☆☆
飼育環境類型	①空間開闊型		
生活區域	草原、森林、灌木叢等		

噴點變色龍

　　大片皮瓣為其主要特徵。體色為黑褐色乃至淡黃色、粉紅色、綠色，或是這些顏色相混等。雌性的妊娠色是全身會出現小黃點。分布區域廣泛，不同群體的最大體型與飼育方式多少有些差異，所以最好不要忽略牠們發出的信號。協調性較佳，但若雌雄成對飼養，雌性的脾氣會變得暴躁。雄性的腳跟上有突起。目前已知有8個亞種。

納米比亞變色龍

Chamaeleo namaquensis

全　長	18～27cm	分　布	安哥拉・納米比亞・南非共和國
溫　度	最適溫度 20～35℃　可承受範圍 10～40℃		
對水的反應	★★★★★	活　動	★★★★★
繁殖型態	卵生		
對明亮度的喜好	★★★★★	取得難易度	★☆☆☆☆
飼育環境類型	⑥其他（重視地表面積且乾燥的造景）		
生活區域	散布於沙漠中的植被附近		

　　棲息於沙漠而別具特色的地棲型變色龍。頭部大，體型粗壯厚實，尾巴短，雌性的體型略大。生活在嚴酷的環境中，夏天地表溫度達50℃，夜間又驟降至10℃（冬天白天為25℃，夜間則低於0℃），因此會挖掘洞穴並躲進去，藉此抵禦急遽的溫度變化。在人工飼育下也要設置晝夜溫差。比照飼養乾燥區的蜥蜴的造景，作為墊材的土壤或砂石要鋪厚厚一層，再放入樹枝流木等，保留寬敞的開闊空間，打造成通風良好的環境，還要以紫外線燈與聚光燈來照射。在地表上的動作比其他品種快得多。也會吃植物性食物，從這些食物與餌食昆蟲中獲取水分。

納米比亞變色龍

七彩變色龍

Furcifer pardalis

別　名	豹變色龍		
全　長	30～50cm	分　布	從馬達加斯加北部至東部，也移入了模里西斯與法屬留尼旺
溫　度	**最適溫度** 25～30℃　**可承受範圍** 20～35℃		
對水的反應	★★★★★	活　動	★★★★☆
繁殖型態	卵生		
對明亮度的喜好	★★★★★	取得難易度	★★★★★
飼育環境類型	①空間開闊型		
生活區域	林緣區、村落附近的灌木叢等各種開放的植被		

這種變色龍以豐富多樣的區域群體而馳名，和高冠變色龍一樣都屬於入門品種。協調性不佳，應單獨飼養。雄性體型較大且尾巴根部膨大。目前已知有多種類型與個體，除了有在國內外繁殖的CB個體在市面上流通外，也有進口的WC個體。市售通常會加上區域名稱，不過有些是以馬達加斯加的聚集地或出口地來命名，不見得會一致，而且即便是同一地區，外觀也形形色色，所以一般的市售名稱不妨理解為「加了地名的品種名稱」。

繁殖時，一般的標準做法是使用相同的地區品種作為親代，堅持保留野生群體的表現型（Phenotype），另一方面，如今也迎來所謂「設計化七彩變色龍」的時代，即對養殖或育種出原創的紋路或顏色有所堅持。不同的品種，不僅色彩與紋路各異，在最大體型等方面也多少有些差異。

安班加（Ambanja）的底色為淺藍色或是帶點藍的綠色，深藍色的帶狀紋中則有無數的小紅點。體色的變化並不劇烈。安奇費（Ankify）經常與安班加混為一談，日本自古以來進口的安班加其實是安奇費，這引起了更大的混亂，如今仍繼續在市面上流通而未梳理清楚。讓事情變得更加複雜的是，昔日稱為「安班加紫（Ambanja purple）」的品種開始以安奇費之名在市面上流通，如今才指出該品種的正確名稱為安班加。造成這些混淆的原因在於，採集地（安奇費一帶）與附近大城市（安班加）的名稱在流通的過程中被對調了，但現在的趨勢是以採集地作為正規名稱。

諾西貝（Nosy Be）也是自古以來進口的代表性品種。「Nosy」是島嶼之意，指的是貝島上的群體。底色大多為淺藍色，而藍色特別深的品種則以「諾西貝藍（Nosy Be Blue）」之名在市面上流通。這個品種也存在於野生環境中，此為和其他品種的○○藍或是○○紅最大的不同之處。帶狀紋並不明顯，是比底色還要深的藍色，裡面沒有紅點散布。諾西貝的特徵在於，承受壓力時，帶狀紋中會出現猶如斑塊的暗色。體色不會急遽變化。WC個體的特徵在於黃色的嘴角，CB個體的該部位則多為白色。不過即便是WC個體，只要在人工飼育下，嘴角的黃色往往會逐漸變淡。

諾西菲力（Nosy Faly）的底色是淡淡的淺藍色，一興奮就會轉變為鮮明的白色。白

底配上淺藍色的帶狀紋,還有小紅點散布在帶狀紋內外,屬於配色十分典雅的七彩變色龍。小紅點的分布狀況會有個體差異,大多皆集中在上半身,不過有些個體全身都平均布滿紅點,就連尾巴末端都有。諾西米茲歐(Nosy Mitsio)也是會出現戲劇性變化的品種,顏色會從綠色轉為鮮豔的黃色。相較於其他產地以綠色為底的七彩變色龍,這個品種變色後會呈現更為明亮的檸檬黃。眼睛染紅,頭部的頭冠邊緣則是黑色。諾西米茲歐的帶狀紋形狀在西北部地區極為罕見,既不是V型也不是Y型,而是U型,有些則是接近U的圓形。

桑巴瓦(Sambava)是屬於東北部的群體,以戲劇性的體色變化而聞名。深綠色的底色配上深紅色的帶狀紋,整體來說屬於色調較深的地區品種。一興奮起來,下腹部至背部都會由綠轉黃,帶狀紋則變成鮮豔的亮紅色。變色後的黃色色調並不是西北部群體那種檸檬黃等鮮豔的黃色,而是帶點橘色、微微泛紅的黃色。

迪亞哥蘇亞雷斯(Diego Suarez)又稱為「安齊拉納納(Antsiranana)」,是馬達加斯加島北部的區域群體,底色為深綠色,興奮時會轉為黃色或橘色,眼睛則大多是紅色或橘色。近年來,WC個體的流通量減少。馬魯安采特拉(Maroansetra)的底色是紅色較為濃烈的磚紅色,有些則帶點綠色,帶狀紋多半隱藏於底色中。興奮的時候會出現黑點,眼皮也會從紅配黑變成白配黑。塔馬塔夫(Tamatave)又被稱為「圖阿馬西納(Toamasina)」,尤其是紅色型的變色龍,曾以「Tam red」之名流通於市面。上半身為紅色或綠色,而紅色個體的下半身往往會逐漸變成綠色,尤其是從腰部以下。興奮時

綠色會消失,而橘色、紅色與白色會更加顯眼。背部的脊冠為淺藍色乃至淺灰色,是這個地區品種的特徵之一。

安比盧貝(Ambilobe)是比較華麗的品種,會展現出戲劇性的體色變化。底色大多為綠色,但也有些個體身上的紅色面積占了大半,類型十分廣泛。全身赤紅的安比盧貝如今備受喜愛。國外也常以安比盧貝之名進行育種,在日本的寵物貿易上也因為目前已知的個體十分多樣而出現混淆的情況,無論如何,安比盧貝的主要特徵在於帶狀紋是藍色的,不過有些品種的帶狀紋裡還交雜著紅色(中心部位為藍色)。同樣的地區品種,個體間卻存在著巨大差異,或許是因為太受歡迎所帶來的弊病,至少就筆者所知,有4個品種是以這個名稱進口的。

安卡拉米(Ankaramy)則一如其別稱「粉紅豹(Pink Panther)」所示,是粉紅色的品種,體型略顯細長,棲息於海拔較高的地區。與其他地區品種有些不同,是根據棲息於森林的型態來進行飼育管理。體側中央有道清晰的粗條紋為其特徵之一。

諾西布拉哈(Nosy Boraha)等則是馬達加斯加東部一帶、以白色為基調的品種,亦以「聖瑪麗」之名為人所知。可耐高溫,年輕的個體有著紅色帶狀紋,但會隨著成長而變成微暗的綠色,並逐漸變淡。

以諾西布拉哈為首的東部群體多少都偏白,連同對岸的弗爾波因特(Foulpointe)與馬蘇阿拉(Masoala)等群體,都被歸類為所謂的「銀豹(Silver Panther)」,不過身體上的帶狀紋完全消失的個體則稱為「白豹(White Panther)」。開普東(Cap Est)是銀豹品種當中比較近期才開始在市面上流通,帶狀紋較粗且紅色十分顯眼,有些個體

的紅白比例各半，有些則是紅比白多。除了
這些以外，還有各種加了當地名稱的七彩變
色龍在市面上流通。

　　一次可產下約20～35顆蛋，孵卵期間
約為5～10個月左右。在日本國內外都有
繁殖。

安班加

安班加

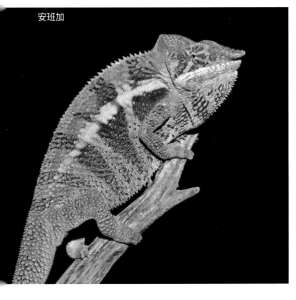

安班加

有安班加彩虹之稱的個體

安奇費

安奇費，CB個體

安奇費，CB也能繁殖出這樣的個體。

諾西貝

諾西貝，USA的CB個體。CB中也有些個體的嘴角是黃色的。

諾西貝

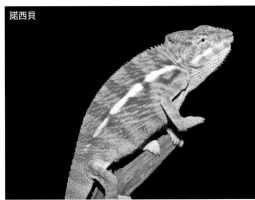
諾西貝

諾西菲力

諾西菲力

諾西菲力

諾西米茲歐

桑巴瓦

桑巴瓦

迪亞哥蘇亞雷斯

迪亞哥蘇亞雷斯

塔馬塔夫

塔馬塔夫

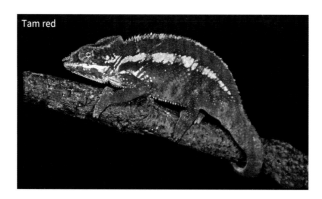

Tam red

安比盧貝

安比盧貝

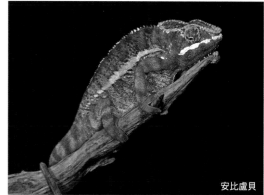

安比盧貝

安比盧貝

安比盧貝

安比盧貝，興奮時會變成橘色。

安比盧貝的CB個體，紅色十分搶眼。

安比盧貝

安比盧貝，這個品種也是以安比盧貝之名在市面上流通。

安比盧貝（雌性）

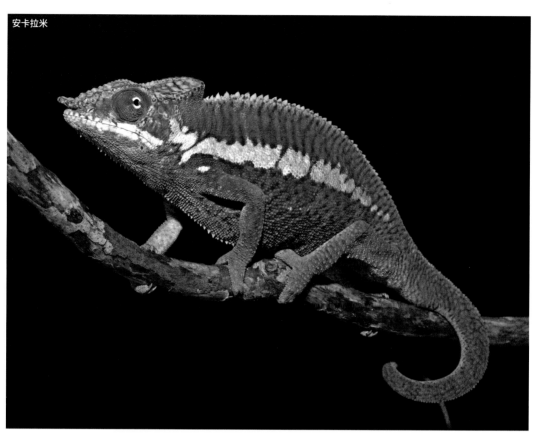

安卡拉米

安達帕

亦可稱為白豹的個體

諾西布拉哈的CB個體。白豹。

諾西布拉哈的CB個體。亞成
體會出現明顯的紅色帶狀紋。

在諾西布拉哈的對岸地區被稱為銀豹的群體。

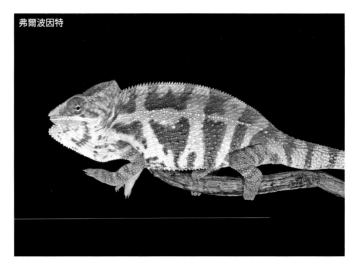

弗爾波因特

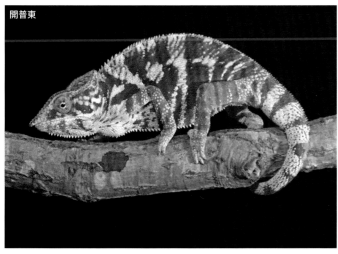

開普東

以安佳瑪麗娜這個地區名稱在市面上流通的群體。

巨人疣冠變色龍

Furcifer verrucosus

別　名	鈕扣變色龍・巨棘變色龍		
全　長	57cm	分　布	從馬達加斯加西部到南部
溫　度	最適溫度 28～32℃　可承受範圍 20～35℃		
對水的反應	★★★★☆	活　動	★★★★★
繁殖型態	卵生		
對明亮度的喜好	★★★★★	取得難易度	★★★★☆
飼育環境類型	①空間開闊型		
生活區域	乾燥的林地		

與七彩變色龍同為入門品種。背部有一排棘狀突起，還有如鈕扣般的大鱗片成列並排於身體中央。頭冠較高，鼻尖沒有突起。頑強而容易飼養，但性格極其暴躁。應該避免雌雄成對飼養，雄性之間則可同居，但必須確實做好觀察。雄性的體型會比雌性大得多。目前已知有2個亞種，即*F. v. verrucosus*與*F. v. semicristatus*。

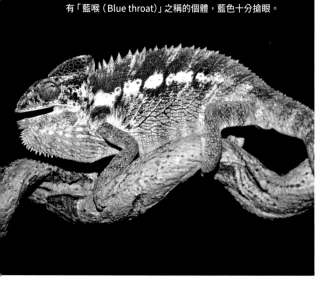

有「藍喉（Blue throat）」之稱的個體，藍色十分搶眼。

安塔尼比納基

安塔尼比納基（雌性）

南部群體

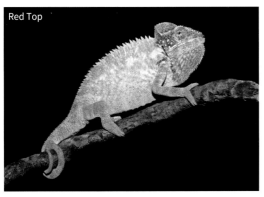

Red Top

Red Top（雌性）

天狗變色龍

Furcifer antimena

全　長	14～33cm	分　布	馬達加斯加南部
溫　度	最適溫度 25～30℃　可承受範圍 23～35℃		
對水的反應	★★★☆☆	活　動	★★★☆☆
繁殖型態	卵生		
對明亮度的喜好	★★★☆☆	取得難易度	★★☆☆☆
飼育環境類型	②局部樹叢型		
生活區域	針葉林		

　　背部有一排發達的棘狀突起，頭冠較高。體型略顯細長，吻端的突起也很發達。協調性低，所以適合單獨飼養。飼育的造景應設置局部樹叢，還要有明暗之分，並每天噴灑噴霧。雄性的頭冠較高。

天狗變色龍

天狗變色龍（雌性）

奧力士變色龍

Furcifer oustaleti

別　名	巨無霸變色龍・面具變色龍・頭盔變色龍		
全　長	約70cm	分　布	馬達加斯加全域
溫　度	最適溫度 28～32℃　可承受範圍 25～35℃		
對水的反應	★★★☆☆	活　動	★★★☆☆
繁殖型態	卵生		
對明亮度的喜好	★★★★★	取得難易度	★★★☆☆
飼育環境類型	①空間開闊型		
生活區域	乾燥地區等		

　　最大的變色龍之一，但體型不像帕爾森氏變色龍那麼有分量。分布區域廣泛，南部個體往往有著更為搶眼的紅色。頭冠較高且頭部大。適應力絕佳且頑強，喜歡日光浴。即使在行道樹之類的植被裡也能生活。協調性高。雌性較小型且美麗。

奧力士變色龍

奧力士變色龍

斜紋變色龍（雨林變色龍）

Furcifer balteatus

全　長	25～45cm		分　布	馬達加斯加中央東部
溫　度	最適溫度 25～30℃　可承受範圍 20～32℃			
對水的反應	★★★☆☆		活　動	★★★☆☆
繁殖型態	卵生			
對明亮度的喜好	★★★☆☆		取得難易度	★☆☆☆☆
飼育環境類型	②局部樹叢型			
生活區域	雨林的樹冠層			

　　如同其名所示，身上有斜向的條紋。吻端的突起小且不平行，尾巴極長。務必要為其打造一個寬敞的飼育空間，並設置各種溫度、濕度與明暗等各異的區域，好讓變色龍可以選擇喜歡的地方。協調性低，應該單獨飼養或雌雄成對飼養。雌性的鼻尖上沒有突起，且體型比雄性大。

斜紋變色龍

拉波得變色龍

Furcifer labordi

全　長	18～30cm		分　布	馬達加斯加西部
溫　度	最適溫度 25～28℃　可承受範圍 23～30℃			
對水的反應	★★★☆☆		活　動	★★★☆☆
繁殖型態	卵生			
對明亮度的喜好	★★★★☆		取得難易度	★☆☆☆☆
飼育環境類型	②局部樹叢型			
生活區域	炎熱的乾燥林地			

　　雄性的頭冠較高，吻端有一片稍硬的突起，相較之下，雌性只有微幅突起。雄性為綠色，雌性則較為鮮豔，主要是紫色或黃綠色，會展現出紫色、綠色與褐色，非常漂亮。形似天狗變色龍，不過頭冠較高，背部的鋸齒十分平均。協調性低，應單獨飼養。雄性的體型大得多。

拉波得變色龍

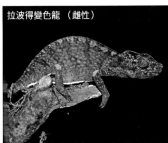

拉波得變色龍（雌性）

地毯變色龍

Furcifer lateralis

別　名	側紋變色龍		
全　長	20～25cm	分　布	西北部除外的馬達加斯加全域
溫　度	**最適溫度** 25～30℃　**可承受範圍** 22～32℃		
對水的反應	★★★★★	活　動	★★★★☆
繁殖型態	卵生		
對明亮度的喜好	★★★★★	取得難易度	★★★★☆
飼育環境類型	①空間開闊型		
生活區域	各式各樣的植被。村落附近或行道樹等		

　　雌性的配色極美，有紅、藍、黃、綠、橘，以及這些顏色的組合。「處女變色龍」和雄性一樣是明亮的綠色，不過一旦懷孕，就會變成華麗的體色。

　　適應力強，能夠較快速記住飲水處。容易飼養，協調性高。雄性變色龍的尾巴根部會變粗。

地毯變色龍

地毯變色龍

地毯變色龍

地毯變色龍。產自馬達加斯加中央地區。

地毯變色龍（雌性）

地毯變色龍（雌性）。
產自安塔那利佛。

地毯變色龍。
產自馬達加斯加東部。

地毯變色龍（雌性）。
產自馬達加斯加東部。

分布在馬達加斯加西南部的
Furcifer major。

一般認為是分布在
馬達加斯加西北部的
Furcifer viridis 個體。

分布在馬達加斯加西北部的
Furcifer viridis。

分布在馬達加斯加西北部的
Furcifer viridis 的雌性。

彼特變色龍

Furcifer petteri

別　名	皮特變色龍		
全　長	17cm	分　布	馬達加斯加北部
溫　度	**最適溫度** 18～26℃　**可承受範圍** 15～30℃		
對水的反應	★★★☆☆	活　動	★★★☆☆
繁殖型態	卵生		
對明亮度的喜好	★★★☆☆	取得難易度	★★☆☆☆
飼育環境類型	④茂密樹叢型		
生活區域	海拔稍高的雨林		

　　形似威爾斯變色龍，但吻端突起的尖端處大多呈圓弧狀，且背部的棘狀突起並不發達。懷孕的雌性會變成鮮豔的檸檬黃。進行飼育時要設定較低的溫度，白天25℃、夜間15℃形成晝夜溫差，並設置溫度梯度，還要確保通風。協調性普通，雌性身上有2個圓點。

雌性

雌性

懷孕的雌性

威爾斯變色龍

Furcifer willsii

別　名	天蓬變色龍		
全　長	17cm	分　布	馬達加斯加中央東部的山地
溫　度	**最適溫度** 15～25℃　**可承受範圍** 13～27℃		
對水的反應	★★★☆☆	活　動	★★★☆☆
繁殖型態	卵生		
對明亮度的喜好	★★★☆☆	取得難易度	★☆☆☆☆
飼育環境類型	④茂密樹叢型		
生活區域	海拔稍高的雨林		

　　雄性的吻端有2根狀如箭頭的尖尖突起，該突起比彼特變色龍的還要細，呈三角形，靠近尖端處分岔開來。雄性為綠色，一旦意識到雌性，吻端與眼睛就會染上黃色，體側則會出現白色條紋；雌性通常為綠色，至於求偶色或是感到緊張時，則是黑底中出現許多黃色或橘色的細點。請務必比照彼特變色龍的飼育方式，養在寬敞的空間。

威爾斯變色龍　　　　威爾斯變色龍（雌性）

 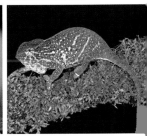

雨林珠寶變色龍

Furcifer campani

別　名	坎帕變色龍・寶石變色龍		
全　長	13cm	分　布	馬達加斯加中部的高地（海拔2000m以上）
溫　度	**最適溫度** 15～25℃　**可承受範圍** 10～28℃		
對水的反應	★★★☆☆	活　動	★★★☆☆
繁殖型態	卵生		
對明亮度的喜好	★★★☆☆	取得難易度	★☆☆☆☆
飼育環境類型	④茂密樹叢型		
生活區域	海拔較高的森林或草原		

　　在暗灰的底色上有3條白色條紋，還有白或紅、褐、綠、淺藍色的小水珠紋路布滿全身，圓弧狀的體型十分可愛。生活在寒冷地區，大多在地表上活動，屬於頗為耐寒的變色龍。有時也會潛入地面來度過寒冷，在人工飼育下也要鋪厚厚一層墊材，並設置晝夜溫差。協調性高，雄性的體型比雌性還要細長。

雨林珠寶變色龍　　　　雨林珠寶變色龍（雌性）

麥諾變色龍

Furcifer minor

全　長	14～24cm		分　布	馬達加斯加中央高地
溫　度	**最適溫度** 20～26℃　**可承受範圍** 18～28℃			
對水的反應	★★★☆☆		活　動	★★★★☆
繁殖型態	卵生			
對明亮度的喜好	★★★☆☆		取得難易度	★☆☆☆☆
飼育環境類型	③樹叢型			
生活區域	高地的森林			

　　雄性的吻端有個鱗片覆蓋的突起。尚未性成熟的雄性為綠色，體型比雌性大。食量極大且非常靈活，有時還會用前肢拿著餌食吃。雄性一旦性成熟就會轉為紅色色調，而雌性的性成熟信號則是出現眼珠紋路。如果眼珠紋路是藍色的，就會接受雄性，但如果是紅色的，似乎是拒絕之意。懷孕中的雌性，身上的橘色或黃色條紋會變得明顯。協調性高。

麥諾變色龍

麥諾變色龍（雌性）

犀牛變色龍

Furcifer rhinoceratus

別　名	鼻角變色龍			
全　長	25～27cm		分　布	馬達加斯加中央西部
溫　度	**最適溫度** 20～26℃　**可承受範圍** 18～28℃			
對水的反應	★★★☆☆		活　動	★★★☆☆
繁殖型態	卵生			
對明亮度的喜好	★★★☆☆		取得難易度	★☆☆☆☆
飼育環境類型	③樹叢型			
生活區域	乾燥的林地			

　　雌雄的吻端都有一根板狀的突起。形似拉波得變色龍，但頭冠較低。雄性有灰色、綠色或淺藍色，繁殖期的雌性頭部為紫色，尾巴是橘色，身體則是帶紫的藍色，配色美麗而獨特，屬於身體相當結實的品種。務必要在飼育環境中設置明暗區域。雌雄的體型大小各異，所以單獨飼養較為理想。雄性的尾巴根部會變粗。

犀牛變色龍

犀牛變色龍（雌性）

傑克森變色龍

Trioceros jacksonii

別　名	基庫尤三角變色龍・烏干達變色龍・彩虹傑克森變色龍／原名亞種 巨型傑克森變色龍・夏威夷變色龍／*xantholophus* 亞種 坦尚尼亞傑克森變色龍／*merumontanus* 亞種		
全　長	25cm ／原名亞種 20～35cm ／*xantholophus* 亞種 18cm ／*merumontanus* 亞種	分　布	坦尚尼亞・肯亞／原名亞種 主要是從肯亞山的西北部至西部，並經由人為移入夏威夷6島／*xantholophus* 亞種 坦尚尼亞／*merumontanus* 亞種
溫　度	**最適溫度** 20～26℃　**可承受範圍** 10（原名亞種・*merumontanus* 亞種）・13（*xantholophus* 亞種）～32℃		
對水的反應	★★★☆☆	活　動	★★★★☆
繁殖型態	胎生		
對明亮度的喜好	★★★☆☆	取得難易度	★★★★☆
飼育環境類型	②局部樹叢型		
生活區域	涼爽的山地。早晚極為潮濕、有山風且白天有陽光照射時段的地區或農園		

　　有3個亞種，最大體型與棲息環境都稍有不同。雄性均有3支角，而雌性的原名亞種有0支、1支或3支角，*xantholophus* 亞種有0支角，*merumontanus* 亞種則有0支（微小突起）或1支角。生活在海拔較高的山中或涼爽之處。位置接近赤道，所以白天日照強烈且有山風，空氣並非總是悶熱的。最大型的*xantholophus* 亞種流通量大，是3個亞種中最容易飼養的變色龍。*jacksonii* 原名亞種的體型比*xantholophus* 亞種還要小一些，亦可比照相同的方式飼育，但是棲息於最涼爽地區的*merumontanus* 亞種則是亞種中最小型的變色龍，飼育難度稍高。傑克森變色龍在人工飼育下也很喜歡曝曬，應該讓牠們做日光浴，或用較弱的爬蟲類專用日光燈管照射，還要早晚噴霧，並設置晝夜溫差。*merumontanus* 亞種的飼育溫度上限為28℃。目前已知*xantholophus* 亞種有活超過 20 年的案例。*xantholophus* 亞種一次可產下約15 ～ 40隻。

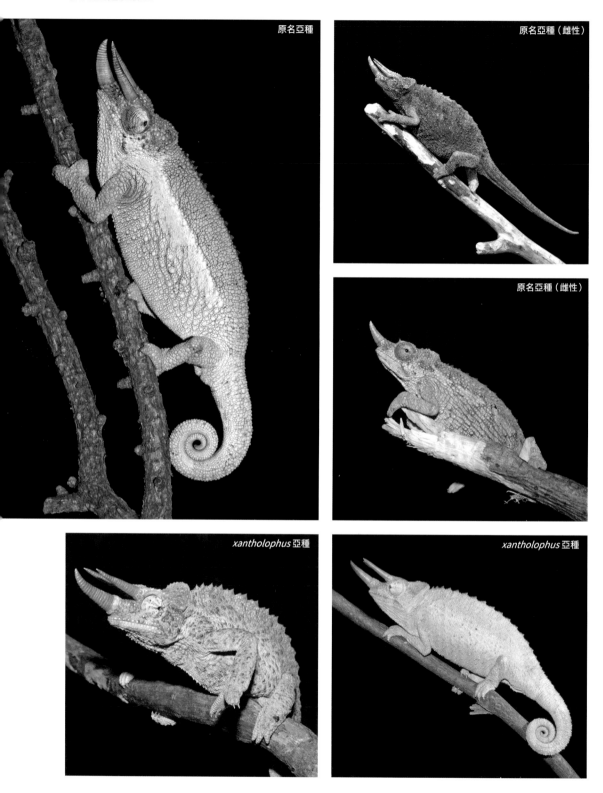

原名亞種

原名亞種（雌性）

原名亞種（雌性）

xantholophus 亞種

xantholophus 亞種

xantholophus 亞種

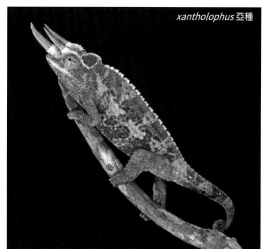

xantholophus 亞種

xantholophus 亞種（雌性）

merumontanus 亞種

merumontanus 亞種

merumontanus 亞種（雌性）

頭盔變色龍

Trioceros hoehnelii

全　長	17～23cm		分　布	肯亞・烏干達
溫　度	**最適溫度** 18～25℃　**可承受範圍** 15～28℃			
對水的反應	★★★☆☆		活　動	★★★☆☆
繁殖型態	胎生			
對明亮度的喜好	★★★☆☆		取得難易度	★★★☆☆
飼育環境類型	③樹叢型			
生活區域	山地的草地或灌木叢			

　　鼻尖有一個瘤狀突起，頭部的頭冠相當大，而且下顎有棘狀鱗並排。不僅體色與皮膚質感可見地區差異，連個體之間的差異也很大。就筆者所知，日本國內並未進口埃爾貢山的群體。烏干達的群體則是棲息於海拔較高的地區，體型纖細，全長較長且鱗片的質感光滑。近年來較常在市面上流通的肯亞群體，體型呈圓弧狀，在肯亞也出現地區與個體上的差異。務必要設定晝夜溫差，並設置明暗區域與樹叢，打造一個通風良好的環境。雌雄在體色上幾乎沒有差異。雄性的尾巴根部膨大。

帶點藍色的肯亞群體

頭部染成橘色的肯亞群體

肯亞群體

背部脊冠為紅色，臉頰有白點等，外貌近似埃爾貢山的群體。

雌性。稍難判別雌雄。

肯亞群體。背部脊冠為紅色。

產自烏干達。棲息在比肯亞品種還要寒冷的地區，務必要多留意棲息的溫度。

菲佛變色龍

Trioceros pfefferi

全　長	15～20cm		分　布	喀麥隆西南部（海拔1300m附近）
溫　度	**最適溫度** 22～26℃　**可承受範圍** 18～30℃			
對水的反應	★★★☆☆		活　動	★★★★☆
繁殖型態	卵生			
對明亮度的喜好	★★★☆☆		取得難易度	★★☆☆☆
飼育環境類型	②局部樹叢型			
生活區域	山地的森林等			

　　雄性的鼻尖有一對被鱗片包覆的角狀突起。相較之下，雌性的角狀突起較不發達，形似雙角變色龍的雌性，不過此品種的喉部有發達的棘狀鱗。一旦有對手進入視線範圍內，雄性甚至會互相爭鬥到從樹枝上掉落，所以雄性不可同居。最好確保通風良好。

菲佛變色龍

艾萊特變色龍

Trioceros ellioti

全　長	13～20cm左右		分　布	烏干達・薩伊等
溫　度	**最適溫度** 20～26℃　**可承受範圍** 18～30℃			
對水的反應	★★★☆☆		活　動	★★☆☆☆
繁殖型態	胎生			
對明亮度的喜好	★★★★☆		取得難易度	★★★☆☆
飼育環境類型	②局部樹叢型			
生活區域	稀樹草原或草原			

　　外表華麗，藍底中有黃色條紋。從背部與下顎到腹部有一排細小的棘狀突起。屬於較容易飼育的小型種。應該為其安排明暗區域，以聚光燈照射明亮處，並打造出溫度梯度。協調性高，亦可同居。雌性有著稍呈圓弧狀的體型。

艾萊特變色龍

艾萊特變色龍
（雌性）。
產自肯亞。

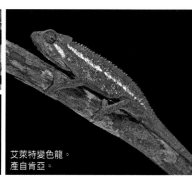

艾萊特變色龍。
產自肯亞。

三角變色龍

Trioceros johnstoni

全　　長	15～30cm		分　布	維多利亞湖西部到西南部的群山，以及魯文佐里山脈
溫　　度	**最適溫度** 18～25℃　**可承受範圍** 13～28℃			
對水的反應	★★★★☆		活　動	★★★☆☆
繁殖型態	卵生			
對明亮度的喜好	★★★☆☆		取得難易度	★☆☆☆☆
飼育環境類型	③樹叢型			
生活區域	山地的森林			

有3支角的變色龍，雌性則無角。有著華麗鮮豔的外表，體型也很結實。雌性懷孕時會變黑，嘴角則會出現橘色。產自烏干達的品種又稱為「烏干達藍」或「史坦利藍」。經常做出跳躍動作。對飲用水的反應良好。蛋很大顆。應準備一個有明暗區域且通風良好的環境。雄性之間經常爭鬥，所以應該單獨飼養。

三角變色龍「史坦利藍」

紅刺變色龍

Trioceros laterispinis

別　　名	刺側變色龍・多刺變色龍			
全　　長	13～15cm		分　布	坦尚尼亞
溫　　度	**最適溫度** 20～26℃　**可承受範圍** 18～28℃			
對水的反應	★★★☆☆		活　動	★★☆☆☆
繁殖型態	胎生			
對明亮度的喜好	★★★☆☆		取得難易度	★☆☆☆☆
飼育環境類型	④茂密樹叢型			
生活區域	山地的森林			

全身上下長滿如玫瑰刺般的突起，屬於小型種。具有可活動的皮瓣。白色配上深淺不一的綠色，只要待在有刺植物的樹叢裡，便可完美地融入。從其外觀便可得知，在產地都是待在有刺植物的樹叢中。

紅刺變色龍

華納變色龍

Trioceros werneri

全 長	15～24cm		分 布	坦尚尼亞（海拔 1400～2200m）
溫 度	**最適溫度** 18～25℃　**可承受範圍** 13～28℃			
對水的反應	★★★★★		活 動	★★★☆☆
繁殖型態	胎生			
對明亮度的喜好	★☆☆☆☆		取得難易度	★☆☆☆☆
飼育環境類型	④茂密樹叢型			
生活區域	山地的森林			

　　有3支角的變色龍，上面2支角愈靠近前端會微微下垂，還有個大皮瓣，鱗片的大小不一，整體身形猶如三角龍。有些品種的角是接近黑色的深藍色或紅褐色等。不耐高溫，稍難飼養。喜歡暗處，應設置明暗區域並確保通風良好。協調性高。雌性有0支或1支角。

綠色型華納變色龍

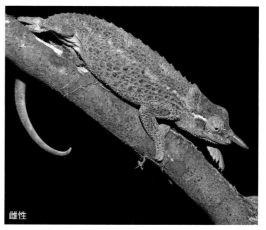

雌性

噴點三角變色龍

Trioceros deremensis

全 長	20〜35cm	分 布	坦尚尼亞（海拔2000m以上的區域）
溫 度	最適溫度23〜30℃　可承受範圍18〜35℃		
對水的反應	★★☆☆☆	活 動	★☆☆☆☆
繁殖型態	卵生		
對明亮度的喜好	★☆☆☆☆	取得難易度	★★☆☆☆
飼育環境類型	③樹叢型		
生活區域	山地的森林		

有3支角的中型種。角為細長型，雌性則無角。特徵在於顆粒狀的皮膚，警戒時會產生黑色小斑點。成熟雄性的面孔會變得十分獨特，猶如塗了口紅一般。懷孕雌性的體色會略帶黃色。背部脊冠很發達。信號不易解讀，但是容易飼養。溫度則是白天25〜30℃、夜間15〜20℃，設定溫差的同時，還要打造出明暗區域。協調性高。

噴點三角變色龍

歐文變色龍

Trioceros oweni

全 長	35cm	分 布	喀麥隆等
溫 度	最適溫度15〜26℃　可承受範圍10〜28℃		
對水的反應	★★★☆☆	活 動	★★★★☆
繁殖型態	卵生		
對明亮度的喜好	★★☆☆☆	取得難易度	★☆☆☆☆
飼育環境類型	③樹叢型		
生活區域	低地的熱帶雨林		

屬於很有個性的變色龍，有3支角，雌性則無角。時常以獨特的動作一躍而下。體表的鱗片很細小，有個較小的皮瓣，體型細長。容易飼養，但戒心極強。應設置暗處，並將夜間溫度降至15℃左右。有潛入土中的習性。

歐文變色龍

米勒變色龍

Trioceros melleri

全　長	40～60cm		分　布	坦尚尼亞東南部的稀樹草原一帶（海拔600m附近）等
溫　度	**最適溫度** 25～30℃　**可承受範圍** 20～35℃			
對水的反應	★★★★★		活　動	★★☆☆☆
繁殖型態	卵生			
對明亮度的喜好	★★★★☆		取得難易度	★☆☆☆☆
飼育環境類型	②局部樹叢型			
生活區域	稀樹草原的樹冠層			

　　非洲大陸最大的品種。有一支如突起般的小角，雌性的角比雄性短。皮瓣很發達。即便在人工飼育的狀態下，仍總想著往高處爬。只要打造出適切的環境，就會長得十分強健。幼體的成長速度極快。目前已知也有帶藍色的品種。屬於大型種，最好在寬敞的空間裡配置較粗的棲木並牢牢固定。飲水量極大。在野生環境中不但會吃昆蟲類，還會獵食其他變色龍或小鳥等。應設置明暗區域與晝夜溫差。協調性佳。

米勒變色龍

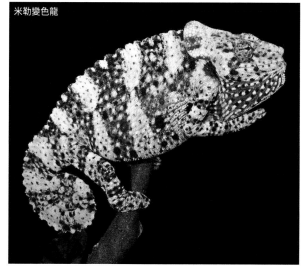

米勒變色龍

藍色型米勒變色龍

火山口高地側紋變色龍

Trioceros sternfeldi

別　名	粗鱗變色龍		
全　長	15cm	分　布	薩伊・烏干達・盧安達・蒲隆地・肯亞・坦尚尼亞
溫　度	**最適溫度** 22～26℃　　**可承受範圍** 15～30℃		
對水的反應	★★★☆☆	活　動	★★★★☆
繁殖型態	胎生		
對明亮度的喜好	★★★★★	取得難易度	★☆☆☆☆
飼育環境類型	②局部樹叢型		
生活區域	高地的草地或灌木叢		

　　體型圓滾滾而可愛不已的變色龍，鱗片呈現粒狀。經常與粗鱗變色龍混淆（實際上粗鱗變色龍幾乎沒有在市面上流通）。早晚的噴霧是不可或缺的，讓牠們透過水滴來飲水。極度厭惡弄濕身體。以高山種來說是比較耐高溫的變色龍，個性較為大膽。雄性的頭部較大且尾巴根部會變粗。

雌性

日本國內繁殖出的個體

被認定為哈南山變色龍（*Trioceros hanangensis*）的個體。昔日以「紅粗鱗變色龍」之名在市面上流通。

雌性

孔雀變色龍

Trioceros wiedersheimi

全 長	15～20cm		分 布	喀麥隆與奈及利亞的高地（海拔 1500～2500m一帶）
溫 度	最適溫度 18～25℃　可承受範圍 15～28℃			
對水的反應	★★★☆☆		活 動	★★★★☆
繁殖型態	卵生			
對明亮度的喜好	★★☆☆☆		取得難易度	★★★☆☆
飼育環境類型	③樹叢型			
生活區域	山地的森林或草地			

　　小型的美麗品種，以前的亞種如今都被視為其他品種。應在寬敞的飼育籠內布置豐富的觀葉植物，飼育溫度則應晝夜分明。熱區也是不可欠缺的。協調性高。雌性的體型比較大。與*Trioceros perreti*及*Trioceros serratus* 極其相似，不僅有個體差異，還有中間性的品種，判別難度高。

孔雀變色龍。以前被認為是原名亞種與亞種之間的中間型品種，或是雜交個體。背部線條呈現波浪狀，比*Trioceros serratus* 還低，頭冠邊緣處的圓點為紅色或是紅藍交織（雄性的圓點較多而華麗），頭冠內的圓點則往往是黃色。

孔雀變色龍（雌性）

Trioceros perreti。身體高度較低矮，頭冠（呈方塊狀且偏細）邊緣為紅色，裡面的圓點則大多為黃色。

Trioceros perreti（雌性）。雌性的背部並不像 *Trioceros serratus* 或孔雀變色龍般呈波浪狀，並排於體側的大型鱗片為黃色。

Trioceros serratus。以前是作為原名亞種在市面上流通。背部線條呈波浪狀，身體有一定高度，頭冠（呈本疊板狀）中有藍色圓點，側腹則有泛白的淺藍色粗條紋。

Trioceros serratus（雌性）。典型的個體。

Trioceros serratus。這般華麗的外表才稱得上是孔雀色。

侏儒三角變色龍

Trioceros fuelleborni

別　名	姬三角變色龍		
全　長	15〜25cm	分　布	坦尚尼亞西南部的局部地區
溫　度	**最適溫度** 15〜22℃　**可承受範圍** 12〜26℃		
對水的反應	★★★★☆	活　動	★★★★☆
繁殖型態	胎生		
對明亮度的喜好	★★★★☆	取得難易度	★☆☆☆☆
飼育環境類型	③樹叢型		
生活區域	山脈地區		

有3支角的變色龍，但是長度較短。頭部凹凸不平，有個較大的皮瓣。體色為淡褐色，會變化成白色或黃綠色。非常不耐高溫，夏季必須利用空調來管理。應設置明暗區域與晝夜溫差。飲水量大。協調性稍低。雌性有一支短角，或是只有突起的程度。

侏儒三角變色龍

雙角變色龍

Trioceros montium

全　長	20〜25cm	分　布	喀麥隆 （海拔 500〜1200m 一帶）
溫　度	**最適溫度** 18〜25℃　**可承受範圍** 15〜32℃		
對水的反應	★★★☆☆	活　動	★★☆☆☆
繁殖型態	卵生		
對明亮度的喜好	★★☆☆☆	取得難易度	★★☆☆☆
飼育環境類型	③樹叢型		
生活區域	山地的森林		

雙角變色龍

有2支角的變色龍，雌性則無角。背部與尾巴根部附近有發達的脊冠，喉部的棘狀突起則沒那麼發達。軀幹上混雜著大型鱗片，體型極其扁平。目前已知有兩種類型，一種是頭冠呈圓弧狀，角如鍬形蟲般略向內側彎曲；另一種則是深綠色或褐色的尖頭冠，角呈筆直狀。一旦適應飼育環境，屬於比較強健的個體。懷孕雌性的體色會變黑。協調性稍低。

海帆變色龍

Trioceros cristatus

全　長	29cm	分　布	非洲西部
溫　度	最適溫度 18～25℃　可承受範圍 15～30℃		
對水的反應	★★★☆☆	活　動	★☆☆☆☆
繁殖型態	卵生	取得難易度	★★★☆☆
對明亮度的喜好	★☆☆☆☆		
飼育環境類型	④茂密樹叢型		
生活區域	低地的森林		

　　雌雄都沒有角，尾巴很短。脊冠非常發達，沒有皮瓣，皮膚質感極其細緻。動作不多，屬於較難解讀信號的變色龍。舌頭的射程距離長，捕食時幾乎不會追著餌食跑。不需要聚光燈。雌性的體型稍大。協調性高。雄性背部的脊冠較為發達。一般來說，雄性為紅褐色，雌性為綠色，不過也有綠色的雄性，屬於例外。

雄性

雌性

背部脊冠十分發達的雄性

雄性，一開始為紅褐色的個體，隨著成長而轉變為綠色。這樣的案例不常聽說。

四角變色龍

Trioceros quadricornis

全 長	30～40cm		分 布	奈及利亞‧喀麥隆‧赤道幾內亞的高地（海拔1500～2000m）
溫 度	最適溫度 20～25℃　可承受範圍 15～32℃			
對水的反應	★★★☆☆		活 動	★★★☆☆
繁殖型態	卵生			
對明亮度的喜好	★★☆☆☆		取得難易度	★★☆☆☆
飼育環境類型	②局部樹叢型			
生活區域	高地的雲霧林			

　　鼻尖有2對（4支）或3對（6支）突起狀的角，背部與尾巴根部有著發達的脊冠。不設置聚光燈也無妨。四角變色龍目前已知有3個亞種：四角變色龍（南方四角變色龍）*T. q. quadricornis*、六角變色龍（北方四角變色龍）*T. q. gracilior* 與 *T. q. eisentrauti*。四角變色龍的爪子為紅色，六角變色龍的爪子為透明無色。頭冠的顏色與紋路各異，四角變色龍的紋路與臉頰一樣，為紅色或橘色，如果臉頰是綠色的，頭冠內也會是綠色。另一方面，六角變色龍的身體中央有帶點黃色的條紋，條紋邊緣則散布著成排淺藍色的鱗片（四角變色龍身上無淺藍色）。協調性高。雌性無角。原名亞種比較喜歡低溫，必須多加關照。

四角變色龍

四角變色龍。頭部與臉頰上可見橘色。

六角變色龍（雌性）

六角變色龍

六角變色龍

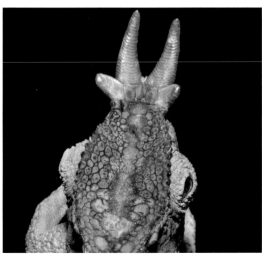

六角變色龍的頭部。右圖的個體長了5支不規則的角。

帕爾森氏變色龍（國王變色龍）

Calumma parsonii

全　長	45～70cm		分　布	馬達加斯加北部與東部
溫　度	**最適溫度 23～26℃**　**可承受範圍 20～32℃**			
對水的反應	★★★☆☆		活　動	★☆☆☆☆
繁殖型態	卵生			
對明亮度的喜好	★★☆☆☆		取得難易度	★★★☆☆
飼育環境類型	⑥其他（放養，或是養在氣溫涼爽且有熱區的寬敞飼育箱中）			
生活區域	森林（大多待在5m以上的高處）			

　　屬於最重量級的變色龍。體型相當具有分量，皮膚布滿皺紋而質感獨特。目前已知有好幾種類型（在寵物貿易上的分類有些混亂，各個類型通常還會進一步細分），最大型的是「Yellow lip」（嘴巴四周為黃色），全長約70cm。另有「Yellow giant」（整體體色為黃色）、「Orange eye」（橘色眼睛配上綠色或是淺藍色的體色）等在市面上流通，但為數不多。小型的 *cristifer* 亞種（*C. p. cristifer*）背部的脊冠呈鋸齒狀，內有橘色大圓點。飼育環境設定為涼爽的氣溫，以燈照射熱區，並設置明暗區域。亞成體以上的雄性具有強烈的領域意識。雌性容易飼養得多。協調性低。尾巴根部幾乎沒有膨大。雄性長大後鼻尖上會有一對發達的突起。一次產卵約可產下16～28顆蛋，孵卵期間較長，需要15～24個月左右。

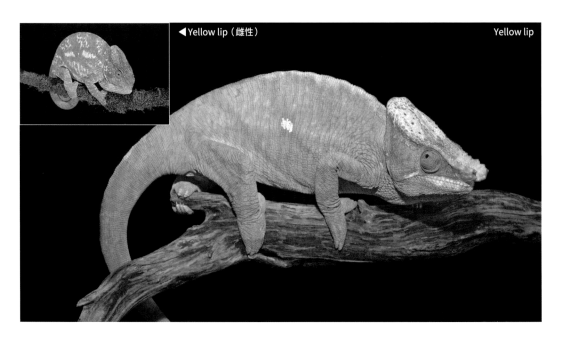

◀ Yellow lip（雌性）

Yellow lip

Yellow giant

Yellow giant

Yellow giant（雌性）

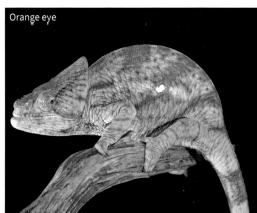

Orange eye

Orange eye（雌性）

cristifer 亞種

奧桑納斯變色龍

Calumma oshaughnessyi

全 長	40cm	分 布	馬達加斯加東北部
溫 度	**最適溫度** 23～26℃　**可承受範圍** 20～32℃		
對水的反應	★★★☆☆	活 動	★★★☆☆
繁殖型態	卵生		
對明亮度的喜好	★★★☆☆	取得難易度	★★☆☆☆
飼育環境類型	②局部樹叢型		
生活區域	高地的森林		

　　喉部的藍白色鱗片十分顯眼，背部
則有成排細小的棘狀突起。皮瓣比帕爾
森氏變色龍還要大。身體上有大大小小
的鱗片。適合單獨飼育。雌性的體型比
較大。

奧桑納斯變色龍

圓角變色龍

Calumma globifer

別 名	瘤鼻變色龍		
全 長	40cm	分 布	馬達加斯加東部（海拔700m以上）
溫 度	**最適溫度** 25～28℃　**可承受範圍** 20～32℃		
對水的反應	★★★☆☆	活 動	★★★☆☆
繁殖型態	卵生		
對明亮度的喜好	★★★☆☆	取得難易度	★★☆☆☆
飼育環境類型	②局部樹叢型		
生活區域	雨林的樹冠層		

　　吻端有一對球狀的堅硬突起，四肢
則有數片圓形的大鱗片。體色會從亮綠
色轉變為深綠色或藍色。應打造明暗區
域、設置晝夜溫差，並提升濕度。屬於
比較喜歡曝曬的變色龍。單獨飼育較為
理想。雌性鼻尖上的突起較小。

圓角變色龍

短角變色龍

Calumma brevicorne

別　名	象耳變色龍		
全　長	38cm	**分　布**	馬達加斯加東部
溫　度	**最適溫度** 25～28℃　**可承受範圍** 20～32℃		
對水的反應	★★★☆☆	**活　動**	★★★★☆
繁殖型態	卵生		
對明亮度的喜好	★★★★☆	**取得難易度**	★★☆☆☆
飼育環境類型	②局部樹叢型		
生活區域	山地的森林		

　　吻端有個鱗片覆蓋、小而堅硬的吻端突起。枕部有個大皮瓣，在進行威嚇時可以活動。體色經常變化。有 *C. b. brevicorne* 與 *C. b. tsarafidyi* 這2個亞種。*C. crypticum* 與 *C. amber* 原本是含括在此品種中，如今已成為獨立的品種。單獨飼育較為理想。雌性背部的刺狀突起較不發達。

雌性

色調與紋路的變化劇烈

已意識到雄性的雌性

大皮瓣是可以開合的

本屬的一種。推測應該是 *C. amber*。

希勒紐斯短角變色龍

Calumma hilleniusi

別　名	水變色龍		
全　長	15cm	分　布	馬達加斯加中央地區（海拔2800m）
溫　度	**最適溫度** 25～28℃　**可承受範圍** 20～32℃		
對水的反應	★★★☆☆	活　動	★★★★☆
繁殖型態	卵生		
對明亮度的喜好	★★★☆☆	取得難易度	★☆☆☆☆
飼育環境類型	②局部樹叢型		
生活區域	溪流附近的森林		

　　外觀有如小型的短角變色龍。吻端染為紅色，體色則為螢光綠。棲息於晝夜溫差極大的地方。協調性佳，亦可雌雄成對同居。雄性的尾巴根部會變粗。

希勒紐斯短角變色龍

綠耳變色龍

Calumma malthe

全　長	31cm	分　布	馬達加斯加東部
溫　度	**最適溫度** 23～30℃　**可承受範圍** 20～32℃		
對水的反應	★★★★☆	活　動	★★★★☆
繁殖型態	卵生		
對明亮度的喜好	★★★☆☆～★★★★★	取得難易度	★★☆☆☆
飼育環境類型	②局部樹叢型		
生活區域	山地的森林		

　　體型較細長，有著大大的皮瓣。藍眼皮品種的皮瓣邊飾為亮綠色。橫幅較寬且容量大的飼育籠會比有一定高度的款式還要適合。個性大膽，但協調性不佳，應單獨飼育。雄性鼻尖的突起可以伸長。

綠耳變色龍

各種小型的瘤冠變色龍

溫　度	最適溫度 22～26℃　可承受範圍 20～30℃		
對水的反應	★★★☆☆	活　動	★★★☆☆
繁殖型態	卵生（約4～5顆蛋）　孵蛋天數約3個月		
對明亮度的喜好	★★★☆☆	取得難易度	★★☆☆☆
飼育環境類型	④茂密樹叢型		
生活區域	生長在低地森林樹下的草木等		

　　飼養小型的詭避役屬，要以22～26℃為基礎、設置明暗區域，並以燈照射熱區。應放入多一點植物，但要選擇薜荔等較細的植物，以便其抓握。協調性高，亦可雌雄成對飼養。雄性的尾巴根部膨大。

鼻角變色龍　*Calumma nasutum*

別　名	高鼻變色龍
全　長	10cm
分　布	馬達加斯加東部

　　吻端有個柔軟的角，屬於纖細型的品種，沒有皮瓣，體型極其細長。

藍鼻變色龍　*Calumma boettgeri*

全　長	13cm
分　布	馬達加斯加西北部

　　吻端有個柔軟且形狀像松果的突起。雄性背部有成排的棘狀突起。

腹紋變色龍　*Calumma gastrotaenia*

全　長	14cm
分　布	馬達加斯加中央地區・東部

　　尖尖的口端配上細長的體型。綠色的體色與樹葉毫無二致。雄性背部有成排的棘狀突起。比同屬的其他品種稍微偏好高溫。

矛鼻變色龍　*Calumma gallus*

別　名	刀鋒變色龍
全　長	約11cm
分　布	馬達加斯加東部

　　雄性的吻端有個細長且柔軟的角，雌性的吻端也有個小小的圓形突起。沒有皮瓣或背部棘狀鱗。體色變化劇烈，又以雌性尤為顯著。

西烏桑巴拉雙角變色龍

Kinyongia multituberculata

別　名	費瑟變色龍・彩虹費瑟變色龍		
全　長	30～40cm	分　布	坦尚尼亞
溫　度	**最適溫度** 25～28℃　**可承受範圍** 20～32℃		
對水的反應	★★★☆☆	活　動	★★★★★
繁殖型態	卵生		
對明亮度的喜好	★★★★★	取得難易度	★☆☆☆☆
飼育環境類型	③樹叢型		
生活區域	高地的森林		

　　鼻尖上有一對凹凸不平的突起。頗具有活動力，會跳起來逃走等。雄性的尾巴根部幾乎沒有膨大。背部脊冠上分布的棘狀突起超過軀幹的一半。狹義的費瑟變色龍（*B. fischeri*）則是歸屬於另一個品種。雌性的角小而短。應設置明暗區域。協調性高，可多隻同居飼育。

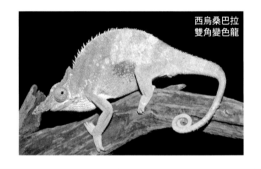
西烏桑巴拉雙角變色龍

巨型費瑟變色龍

Kinyongia matschiei

別　名	和雙角變色龍		
全　長	35～40cm	分　布	坦尚尼亞
溫　度	**最適溫度** 25～28℃　**可承受範圍** 20～32℃		
對水的反應	★★★☆☆	活　動	★★★★★
繁殖型態	卵生		
對明亮度的喜好	★★★★☆	取得難易度	★☆☆☆☆
飼育環境類型	③樹叢型		
生活區域	山地的森林		

　　形似西烏桑巴拉雙角變色龍，不過此品種的體型較大型，背部脊冠上分布的棘狀突起只占軀幹的1/3。

巨型費瑟變色龍

巨型費瑟變色龍（雌性）

吉力馬札羅雙角變色龍

Kinyongia tavetana

全 長	20～25cm	分 布	肯亞・坦尚尼亞
溫 度	最適溫度 23～26℃ 可承受範圍 20～30℃		
對水的反應	★★★☆☆	活 動	★★★★★
繁殖型態	卵生		
對明亮度的喜好	★★☆☆☆	取得難易度	★☆☆☆☆
飼育環境類型	②局部樹叢型		
生活區域	丘陵地的森林		

吻端的突起愈靠近前端愈分離。軀幹上的鱗片大小不一。頗具活動力，動作也很迅速，卻非常膽小。背部沒有棘狀突起。雌性性格暴躁，應避免雌雄成對同居。雄性鼻尖的突起較為發達。

吉力馬札羅雙角變色龍

吉力馬札羅雙角變色龍（雌性）

柏梅雙角變色龍

Kinyongia boehmei

全 長	約18cm	分 布	肯亞
溫 度	最適溫度 20～25℃ 可承受範圍 20～28℃		
對水的反應	★★★☆☆	活 動	★★★☆☆
繁殖型態	卵生		
對明亮度的喜好	★★☆☆☆	取得難易度	★★★★☆
飼育環境類型	③樹叢型		
生活區域	高地的森林		

此品種比吉力馬札羅雙角變色龍還要容易飼養。背部的棘狀突起只延伸至軀幹的前半部。雌性沒有角。

柏梅雙角變色龍

白色型柏梅雙角變色龍

黃色型柏梅雙角變色龍

烏桑巴拉柔角變色龍 *Kinyongia tenuis*

別　名	細長變色龍			
全　長	最大15cm左右		分　布	坦尚尼亞・肯亞
溫　度	**最適溫度** 23～26℃　**可承受範圍** 20～30℃			
對水的反應	★★★☆☆		活　動	★★★★☆
繁殖型態	卵生			
對明亮度的喜好	★★★☆☆		取得難易度	★★☆☆☆
飼育環境類型	③樹叢型			
生活區域	低地的森林等			

　　雌性有藍色、綠色的柔軟角飾，體型細長。應提供大量的小型餌食，如果進食狀況不佳，不妨試著縮小食物的大小。要打造明暗區域。雄性的尾巴稍粗。

烏桑巴拉柔角變色龍(雌性)

哈南山無角變色龍 *Kinyongia uthmoelleri*

別　名	烏斯梅勒變色龍			
全　長	20cm		分　布	坦尚尼亞
溫　度	**最適溫度** 23～26℃　**可承受範圍** 20～30℃			
對水的反應	★★★☆☆		活　動	★★★★☆
繁殖型態	卵生			
對明亮度的喜好	★★★★☆		取得難易度	★☆☆☆☆
飼育環境類型	③樹叢型			
生活區域	高地的森林			

　　頭冠高，背部無棘狀突起。雄性的頭部染成紅色。局部分布於恩戈羅恩戈羅保護區。

哈南山無角變色龍

異角變色龍 *Kinyongia xenorhina*

別　名	怪鼻變色龍			
全　長	25cm		分　布	烏干達・剛果民主共和國
溫　度	**最適溫度** 18～22℃　**可承受範圍** 13～25℃			
對水的反應	★★★☆☆		活　動	★★★★★
繁殖型態	卵生			
對明亮度的喜好	★★★☆☆		取得難易度	★☆☆☆☆
飼育環境類型	③樹叢型			
生活區域	山地的森林			

　　頭冠高，鼻尖上有塊板狀突起。成體的這個部位會延展為扇狀。有時也會跳躍而下，所以取放時應留意。屬於尾巴特別長的變色龍。

異角變色龍

各種侏儒蜥屬變色龍

溫　　度	**最適溫度** 25～28°C　**可承受範圍** 20～32°C		
對水的反應	★★★☆☆	**活　　動**	★★★☆☆
繁殖型態	多為胎生		
對明亮度的喜好	★★★☆☆	**取得難易度**	★★☆☆☆
飼育環境類型	③樹叢型		
生活區域	潮濕的林地或灌木林、人類住家周邊的庭院等		

　　分布於南非的侏儒蜥屬是以矮人變色龍（Dwarf Chameleon）之名在市面上流通的同類，大部分為小型種。流通機會少，但還是有進口為數不多的CB個體。近期也開始有報告提出日本國內的繁殖案例。

　　在當地是生活在四季分明的地方，不過可能是因為市面上流通的都是CB個體，所以在飼育方面並未觀察到什麼特殊癖好。上述的資料多少會因為品種而異。

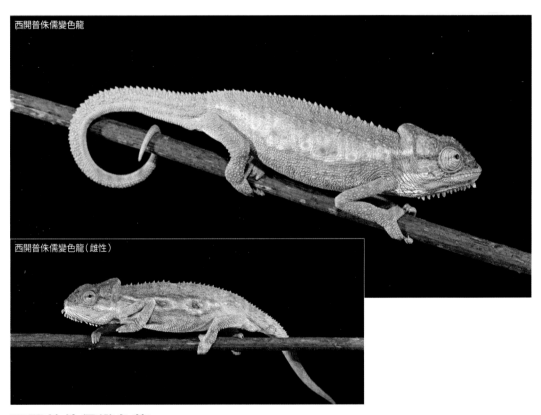

西開普侏儒變色龍

西開普侏儒變色龍（雌性）

西開普侏儒變色龍　*Bradypodion pumilum*

全　　長	15cm
分　　布	南非共和國・莫三比克・納米比亞

克尼斯納侏儒變色龍

克尼斯納侏儒變色龍（雌性）

克尼斯納侏儒變色龍 *Bradypodion damaranum*

別　名	畢卡索變色龍
全　長	20cm
分　布	南非共和國

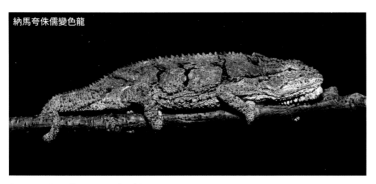
納馬夸侏儒變色龍

納馬夸侏儒變色龍 *Bradypodion occidentale*

別　名	西部侏儒變色龍
全　長	16cm
分　布	南非共和國

龍山侏儒變色龍

龍山侏儒變色龍（雌性）

龍山侏儒變色龍 *Bradypodion dracomontanum*

全　長	14cm
分　布	南非共和國

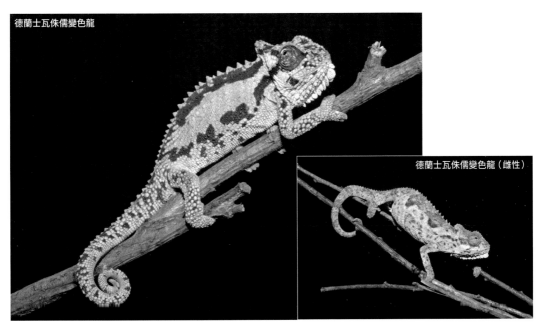

德蘭士瓦侏儒變色龍

德蘭士瓦侏儒變色龍（雌性）

德蘭士瓦侏儒變色龍　*Bradypodion transvaalense*

全　長	18cm
分　布	南非共和國・史瓦帝尼

納塔爾中部侏儒變色龍

納塔爾中部侏儒變色龍（雌性）

納塔爾中部侏儒變色龍　*Bradypodion thamnobates*

別　名	夸祖魯侏儒變色龍
全　長	20cm
分　布	南非共和國

侏儒枯葉變色龍的同類

溫　度	最適溫度 23～26℃　可承受範圍 20～30℃		
對水的反應	★★★☆☆	活　動	★☆☆☆☆～★★★☆☆
繁殖型態	卵生		
對明亮度的喜好	★☆☆☆☆～★★☆☆☆	取得難易度	★☆☆☆☆
飼育環境類型	⑤森林落葉層型		
生活區域	森林的落葉層或高山的森林等		

　　近年來有變更分類，有些從其他屬別移至本屬，也有部分品種成為獨立的屬別。這裡彙整了一些在寵物貿易中被稱為侏儒枯葉變色龍的小型變色龍。地表或地表附近、矮木、灌木叢等低矮的地方皆為牠們的生活區域，每一個品種的外表都猶如枯葉或落葉。

　　擬態的完成度高，有些品種甚至還帶有葉脈的紋路，一感受到危險就會墜落，那模樣簡直就像枯葉掉落一般。尾巴短，協調性高，可以多隻同居飼養。雄性的尾巴會變粗。

小鬍子侏儒枯葉變色龍　*Rieppeleon brevicaudatus*

別　名	坦尚尼亞侏儒變色龍
全　長	8cm
分　布	坦尚尼亞・肯亞

　　雌性的體型較大。有各式各樣的體色與紋路。昔日曾大量出現在市面上，如今已經不再流通販售。

肯亞侏儒變色龍　*Rieppeleon kerstenii*

全　長	8cm
分　布	坦尚尼亞・肯亞・索馬利亞・衣索比亞

　　形似枯葉變色龍，但此品種的體型較為細長。有2個亞種：*R. k. kerstenii* 與 *R. k. robecchii*。

鳥嘴侏儒變色龍
Rhampholeon temporalis

全　長	6cm
分　布	坦尚尼亞

　　鼻尖是尖的，眼睛上方有個極小的突起。背部較為光滑。

恩奇斯侏儒變色龍
Rhampholeon nchisiensis

全　長	6cm
分　布	坦尚尼亞・馬拉威

　　鼻尖會稍微伸長。酷似烏魯古魯侏儒變色龍，但是腋下沒有小孔。

幽靈侏儒枯葉變色龍
Rhampholeon spectrum

別 名	喀麥隆侏儒枯葉變色龍‧喀麥隆矮人變色龍
全 長	9cm
分 布	喀麥隆‧加彭‧剛果民主共和國‧中非共和國‧赤道幾內亞

　　眼睛上與鼻尖處有個小突起。喉部有成排的棘狀突起。身上有2條暗色的細條紋。直到2021年仍可見此品種在市面上流通。

烏魯古魯侏儒變色龍
Rhampholeon uluguruensis

全 長	6cm
分 布	坦尚尼亞

　　鼻尖稍尖，眼睛上方有個小突起。

恩古魯侏儒變色龍
Rhampholeon acuminatus

全 長	8cm
分 布	坦尚尼亞

　　鼻尖有個小突起，全身上下布滿小小的棘狀突起。體色為淺綠色、褐色、白色或黑褐色。

綠侏儒變色龍　*Rhampholeon viridis*

全 長	7cm
分 布	坦尚尼亞

　　形似鳥嘴侏儒變色龍，但背部的脊冠呈波浪狀，而且眼睛上無突起。

棘刺侏儒變色龍（雌性）

棘刺侏儒變色龍　*Rhampholeon spinosus*

別 名	玫瑰鼻侏儒變色龍
全 長	7cm
分 布	坦尚尼亞

　　全身上下布滿棘狀突起，鼻尖有個圓形的扁平突起。以前被視為侏儒蜥屬。

各種枯葉變色龍

溫　度	最適溫度 22〜25°C　可承受範圍 20〜30°C		
對水的反應	★★★★☆	活　動	★☆☆☆☆
繁殖型態	卵生		
對明亮度的喜好	★★☆☆☆	取得難易度	★★★☆☆
飼育環境類型	⑤森林落葉層型		
生活區域	森林落葉層		

　　這類變色龍的身姿猶如森林落葉層中的落枝或落葉，以地表附近為生活區域。牠們會感受濕氣，舔食附著在地面落葉上的水滴等。飲水量大，但是不能提供太多。在自然環境中，夜間會爬上矮木，到了早上才移往森林落葉層的落葉中。產卵數少，只會產下2〜5顆蛋，孵化天數為2個月左右。會在不知不覺中產卵並孵化，有時會在飼育箱中發現幼小的幼體。

褐枯葉變色龍　*Brookesia superciliaris*

全　長	9cm
分　布	馬達加斯加東部

　　眼睛上方有個突起，背部的中央部位隆起。尾巴上沒有棘狀突起。

捲曲枯葉變色龍　*Brookesia decaryi*

全　長	8cm
分　布	馬達加斯加西北部

　　外表近似玫瑰枯葉變色龍，但體型較小，卻又比其他品種大且頗具分量。

角枯葉變色龍
Brookesia stumpffi

全　長	8〜9cm
分　布	馬達加斯加北部

　　眉毛部位的突起有著和緩的弧度，沒那麼向前突出。腰部則有個菱形的斑紋。

蒂里姬枯葉變色龍　*Brookesia thieli*

全　長	6〜7cm
分　布	馬達加斯加東部

　　體型細長，背部有褐色的條紋。

後記

製作本書時，承蒙多位優秀前輩賜教，還透過變色龍結識了日本各地眾多的愛好家，在此表達由衷的感謝。多虧已故高田榮一老師致力於推廣爬蟲類的魅力與正確的態度，我才能有如今的成就，對我來說，直到老師晚年都還能夠接受他的指導，是一段極其寶貴的時光。金子勉先生與星克巳先生也毫不吝嗇地與我分享了各種技術等。我還要感謝小林先生在過去20年來，一直以兩人三腳的模式與我並列為筆者共同支持著ORYZA，以及無論多麼緊急的委託都願意爽快提供照片給我的多位愛好者。此外，負責照片與編輯的川添先生還為出書經驗不多的我統整了我所說的話與文字，就這層含意來說，本書可說是與他合著完成的。

近年來，變色龍的進口量減少，過去曾經大受歡迎的品種如今已完全不見蹤影。即使是CB個體，牠們也不是冒坑型的動物。飼育變色龍意味者要對獨一無二的寶貴生命負責。希望大家能再次深思熟慮，再來與變色龍打交道。

profile

加藤 学（Kato Manabu）

1971年生。擔任位於日本埼玉縣川口市的爬蟲類與兩棲類專賣店ORYZA（オリュザ）（oryza.jp.net）的老闆。在《CREEPER》等專門雜誌上撰寫了無數文章。對變色龍與葉尾守宮等馬達加斯加的動物有深厚的造詣。

【參考文獻與參考網站】
《CREEPER》（CREEPER 公司）
月刊《Fish MAGAZINE》（綠書房）
《爬虫・両生類ビジュアルガイド カメレオン》（誠文堂新光社）
《爬虫・両生類飼育ガイド カメレオン》（誠文堂新光社）
《爬虫・両生類パーフェクトガイド カメレオン》（誠文堂新光社）
《世界のカメレオン》（文一綜合出版）
《A Field Guide to the Amphibians and Reptiles of Madagascar》（Frank Glaw-Miguel Vences）
《The New Chameleon Handbook》（BARRON'S）
《Chameleons》（Edition Chimaira）
《Stump-tailed Chameleons》（Edition Chimaira）
THE REPTILE DATABASE　www.reptile-database.org
weatherbase　https://www.weatherbase.com/

日文版STAFF

執筆	加藤 学
編輯・攝影	川添 宣広
照片提供・協力	ORYZA、荻野邦広・里美、角田洋平、COLORS、川端元子、小池真里奈、琴寄里奈、佐々誠、佐々木淳、進藤正幸、たんぽぽ、永井浩司、新田宏大、野沢直矢
協力	アクアセノーテ、aLiVe、ウッドベル、エンドレスゾーン、ORYZA、キャンドル、クレイジーゲノ、小林昆虫、ゴリオ、ザ・パラダイス、 しろくろ、蒼天、TreeMate、爬虫類倶楽部、ビバリウムハウス、プミリオ、Best Reptiles、HOMIC、マニアックレプタイルズ、リミックス ペポニ、龍夢、レップジャパン、レプタイルストアガラパゴス、レプティスタジオ、レプティリカス、ワイルドモンスター、伊東渉、伊藤真由美、伊藤勇二郎、沖加奈恵、小口政明、小野隆司、金子勉、亀太郎、小家山仁、小林絵美子、佐々誠、田中一雄、永田健児、中村昇司、沼田大祐、野上大成、Nosy&Regal、野田龍之介、松村しのぶ、丸橋秀規、Naoki&Maya、ミウラ、山崎愛里、若泉和之、渡辺和也
內文設計	横田 和巳（光雅）
企劃	鶴田 賢二（クレインワイズ）

CHAMELEON NO KYOUKASHO CHAMELEON SHIIKU NO KISO CHISHIKI KARA
KAKUSHURUI SHOUKAI TO HANSHOKU etc.
© MANABU KATO 2021
© NOBUHIRO KAWAZOE 2021
Originally published in Japan in 2021 by KASAKURA PUBLISHING Co. Ltd., TOKYO.
Traditional Chinese translation rights arranged with KASAKURA PUBLISHING Co. Ltd.,
TOKYO, through TOHAN CORPORATION, TOKYO.

變色龍超圖鑑
品種、繁殖、飼育知識一本掌握

2021年12月1日初版第一刷發行
2024年6月15日初版第二刷發行

著　　　者	加藤 学
編輯・攝影	川添 宣広
譯　　　者	童小芳
副 主 編	陳正芳
發 行 人	若森稔雄
發 行 所	台灣東販股份有限公司
	＜地址＞台北市南京東路4段130號2F-1
	＜電話＞(02)2577-8878
	＜傳真＞(02)2577-8896
	＜網址＞www.tohan.com.tw
郵撥帳號	1405049-4
法律顧問	蕭雄淋律師
總 經 銷	聯合發行股份有限公司
	＜電話＞(02)2917-8022

著作權所有，禁止翻印轉載。
購買本書者，如遇缺頁或裝訂錯誤，
請寄回更換（海外地區除外）。
Printed in Taiwan.

國家圖書館出版品預行編目資料

變色龍超圖鑑：品種、繁殖、飼育知識
一本掌握 / 加藤学著；童小芳譯. -- 初
版. -- 臺北市：臺灣東販股份有限公司,
2021.12
　128面；18.2×25.7公分
　ISBN 978-626-304-958-1(平裝)

1.爬蟲類 2.寵物飼養 3.動物圖鑑

388.7921　　　　　　　　110017841